HOTSPOTS EUROPAS

Naturführer für Entdecker

7

Der Bodensee

Naturerlebnis zwischen Überlinger See und Untersee

Ingo Seehafer
Ambroise Marchand

Hotspots Europas Bd. 7
VerlagsKG Wolf • 2017

VerlagsKG Wolf

Die Reihe **Hotspots Europas – Naturführer für Entdecker**
wird herausgegeben von

Ingo Seehafer
Im Rumpel 4
79588 Efringen-Kirchen
www.seehafer-fotografie.de

mit 166 Farbfotos (86 Ambroise Marchand, 80 Ingo Seehafer),
13 farbigen Karten, 8 Farbtafeln und zahlreichen Symbolen

Titelbild: Ingo Seehafer
Fotos im Titel in den Kreisen: 2 A. Marchand, 1 I. Seehafer
Fotos hinterer Umschlag: Ingo Seehafer

Karten, Symbole und Tafel Seite 5: Alice Kurscheidt
Tafel Seite 91: Jean-Rémy Marchand, Ch. du Mont-Tendre 6, 1306 Penthalaz

ISSN: 2194-5144
ISBN: 978-3-89432-263-2

Satz und Layout: ism Satz- und Reprostudio GmbH, München
Herstellung: Westarp & Partner Digitaldruck. Printed in Serbia

Inhaltsverzeichnis

1 Der Bodensee – ein Stück Europa

Als wir begannen, uns für die Naturführerserie »Hotspots Europas« mit dem Bodensee zu befassen, war uns nicht wirklich bewusst, wie sehr dieser See doch ein Symbol für das vereinigte Europa darstellt: Die drei Länder, die sich den Bodensee »teilen«, haben es geschafft, die nicht eindeutig geregelten Hoheitsrechte der offenen Wasserfläche des Sees für alle Anrainerstaaten zur Zufriedenheit zu klären – ohne großes politisches Tamtam, allein durch Vernunft und gegenseitige Rücksicht (siehe Kapitel 14 »Geschichte«, Seite 114). Die Verantwortlichen haben schlicht entschieden, dass – bis auf einen kleinen Uferstreifen – die Wasserfläche gemeinsam verwaltet wird. Und das funktioniert! In der heutigen Zeit nötigt uns diese Zusammenarbeit allerhöchsten Respekt ab.

Doch nicht nur der Mensch allein hat ein Recht, den drittgrößten See Mitteleuropas für sich zu beanspruchen. Säugetiere, Vögel, Reptilien, Lurche, Fische und Insekten brauchen ihn als wichtigen Nahrungsgeber und als Aufzuchtstube für ihre Jungen. Für einige Pflanzenarten ist er sogar der einzige Lebensraum der Welt.

Einfach ist das Zusammenleben von Mensch und Tier aber nicht. Annähernd zwei Millionen Menschen (Quelle: Statistikplattform Bodensee) leben am und um den See herum. Und jährlich kommen Millionen Touristinnen und Touristen dazu. Der Druck auf den See und das Umland ist überall spürbar. Es gibt nur sehr wenige unbebaute Uferbereiche. Ohne die großen Schutzgebiete – wie

Mensch und Tier nutzen nebeneinander und doch gemeinsam den Bodensee. Wenn die Besucherinnen und Besucher den Tieren und Pflanzen die gleichen Rechte wie sich selbst zugestehen, werden sich noch viele Generationen an einem Haubentaucher erfreuen können.

das Wollmatinger Ried – wären heute wohl keine größeren Schilfgebiete mehr vorhanden. Doch gerade dies ist das Positive: Es gibt Versuche, die Natur zu erhalten. In einige der schönsten Schutzgebiete mit den spektakulärsten Blicken auf den Bodensee entführt Sie dieser Naturführer.

Nur mit dem Umland zusammen ist dieser über 500 km^2 große See erst das, was ihn zu etwas Herausragendem macht. Die Bodenseeregion umfasst eine Fläche von beinahe 15 000 km^2! Wegen der Größe des Bodenseegebietes finden Sie in diesem Buch Touren innerhalb einer gedachten Raute mit den Eckpunkten Überlingen, Konstanz, Stein am Rhein und Bodman-Ludwigshafen.

Begleiten Sie uns an den Bodensee, zu stillen Orten, seltenen Tieren und blühenden Wiesen und einem Stück gelebten Europas!

Das wundervolle Bodensee-Vergissmeinnicht – eine endemische Art der Voralpenregion, die nur noch am Bodensee und am Starnberger See vorkommt.

Am Nordufer des Überlinger Sees, bei Sipplingen, liegt der Haldenhof, von dem aus Sie über einen Teil des Bodensees bis hin zu den Alpen schauen können.

2 Zur schnellen Orientierung: Symbole

Nachfolgende Symbole helfen Ihnen, auf einen Blick zu sehen, was Sie auf Ihrer Tour erwartet. Standard in der Hotspots-Serie: Hinweise auf die Nutzbarkeit mit Kinderwagen und die Eignung der Wege für Menschen mit Behinderungen.

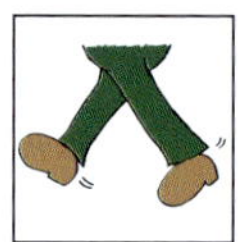
Fußweg, Fußgänger

Für Kinder geeignet und interessant.

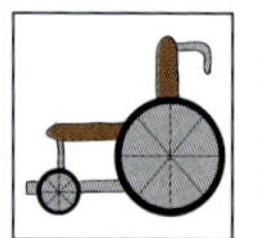
Zugänglich mit Kinderwagen, mit Rollstuhl, für Gehbehinderte.

Unzugänglich mit Rollstuhl und Kinderwagen; nähere Infos im Text zur Tour.

Hier ist Radfahren erlaubt.

Hier ist Radfahren verboten.

Hier stehen persönliche Tipps der Autoren.

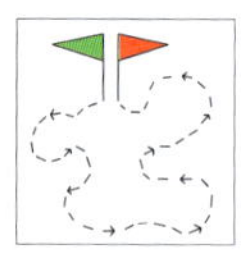
Diese Tour ist als Rundweg ausgelegt.

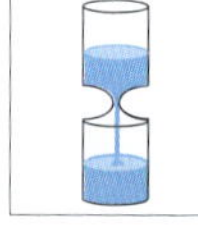
An diesem Ort lohnt es sich, länger zu warten und zu beobachten.

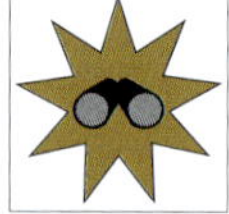
Beobachten Sie die Landschaft geduldig mit dem Fernglas.

Hunde grundsätzlich an die Leine nehmen.

Hunde, auch angeleint, verboten.

Hier können Sie tolle Fotos machen.

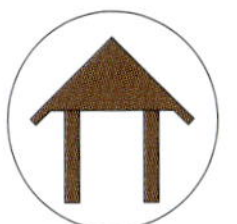

Grillplatz mit Hütte.

Tipp zur Weitwinkelfotografie.

Picknickplatz und/oder Grillplatz.

Tipp zur Makrofotografie.

Hier haben Sie große Chancen, auf Damwild zu treffen.

Tipp zur Telefotografie.

Hier leben Laubfrösche.

Hier sind Haltestellen für Busse oder ein Bahnhof.

Hier werden Sie Spuren vom Biber finden oder sogar den Biber selbst sehen.

An diesem Ort gibt es besonders interessante Blumen.

Auf dieser Tour müssen Sie etwas in Euro oder in Franken bezahlen, nähere Infos im Text zur Tour.

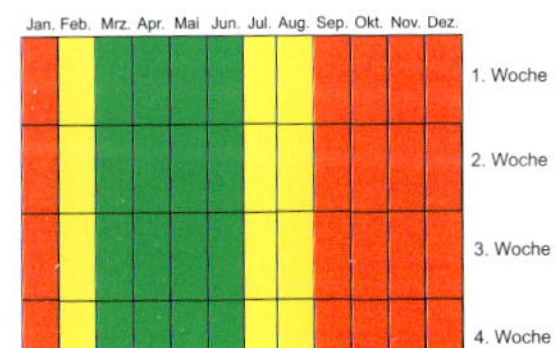

In dieser Tabelle finden Sie für ausgewählte Tier- und Pflanzenarten die optimalen Beobachtungszeiten.

ROT: Das Tier/die Pflanze ist nicht zu beobachten.

GELB: Das Tier/die Pflanze lässt sich hin und wieder beobachten.

GRÜN: Das Tier ist sicher anzutreffen; die Pflanze blüht oder trägt Früchte.

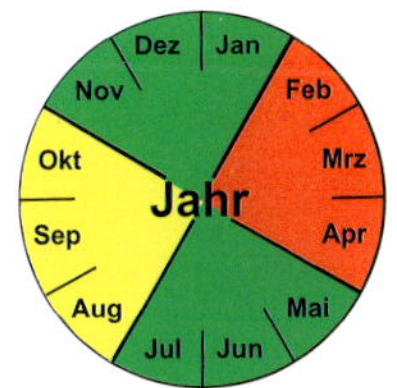

Dieser Jahreskreis zeigt die allgemeinen Beobachtungszeiten der Tour:

ROT: keine gute Beobachtungszeit

GELB: nicht die Hauptbeobachtungszeit, dennoch lohnt sich der Besuch

GRÜN: beste Beobachtungszeit, ein Besuch lohnt sich immer

3 Der Bodensee – erste Schritte

Der Bodensee ist ein äußerst beliebtes Ferienziel. Daher empfehlen wir Ihnen, sich eine Unterkunft zu suchen, sobald Sie den Zeitraum Ihres Urlaubs festgelegt haben. Es gibt zwar viele Übernachtungsmöglichkeiten, aber während der Hochsaison kann es dennoch zu Engpässen kommen. Campingplätze bieten auch Übernachtungen in Blockhütten und sogar in Holzfässern an.

Wenn Sie mit dem Wagen anreisen möchten, ist dies relativ problemlos. Das Verkehrsnetz um den Bodensee herum ist recht gut. Achten Sie aber darauf, ob auf Autobahnen Mautpflicht besteht.

Die örtlichen Eisenbahnen sind im Verbund der Euregio Bodensee vereint. Es gibt drei Tarifzonen am See. Zu allen Touren in diesem Buch finden Sie Hinweise auf nahe gelegene Bus- oder Zughaltestellen.

Der Seehas ist keine spezielle Hasenart, sondern eine Eisenbahnverbindung zwischen Konstanz und Engen. Seinen Namen haben ihm, im Rahmen einer Umfrage, die Fahrgäste selbst gegeben.

Damit Sie Ihren Aufenthalt genießen können, sollten Sie wetterangepasste Kleidung mitbringen. Neben einer Regenjacke sind gute Wanderschuhe zu empfehlen.

Im Sommer ist es eher warm wegen des Einflusses des Sees; daher ist ein guter Sonnenschutz sehr zu empfehlen. Im Winter kann es andererseits sehr kalt werden – und es kann sogar passieren, dass der See zufriert!

In der warmen Jahreszeit ist der See ein Paradies für Segler – dank des typischen Seewindes, der für eine kräftige Brise sorgt. Dieser entsteht, weil sich vormittags der See langsamer erwärmt als das Land und daher die Luft über dem Land schneller aufsteigt. Kühlere Luft strömt dann von der Wasseroberfläche in Richtung Land. Nachts ist der Luftstrom umgekehrt, weil das Wasser noch warm ist und das Land sich schneller abkühlt.

Im Sommer ist der Bodensee bekannt für seine plötzlichen, sehr gefährlichen Stürme mit starken Böen. Innerhalb von Minuten werden die Wellen immer höher und es beginnt heftig zu regnen. Dann müssen alle Kursschiffe und alle Segel- und Motorboote schnellstens in einem Hafen Schutz suchen.

Wenn in den Südalpen ein hoher Luftdruck herrscht und sich gleichzeitig auf der Nordseite der Alpen ein Tiefdruckgebiet befindet, entstehen Luftströme, die im Rheintal kanalisiert werden und in Sankt-Gallen, im Thurgau und am Bodensee als sogenannter Föhn spürbar sind. Die auf diese Art mehrfach beschleunigten Winde können am Bodensee Stürme oder sogar Orkane auslösen.

Seit dem Jahr 2000 gibt es am Bodensee ein Sturmwarnsystem mit Meldungen im Internet und mit Warnleuchten am Ufer. Dazu wurden Zonen eingerichtet, eine befindet sich am Untersee auf der Linie Kreuzlingen-Konstanz-Meersburg. Strahlen die Warnleuchten 40 Blitze p. M. aus, wird ein Sturm mit Böen von mehr als 40 km/h erwartet. Sind es 90 Blitze p. M., werden Böen von mehr als 65 km/h erwartet. Wegen der schnellen Wetteränderungen haben es Meteorologen nicht immer ganz leicht, korrekte Prognosen abzugeben, dennoch wurden in den letzten Jahren mehr als 90 % der Stürme richtig vorhergesagt!

Vor einer Wandertour ist es auf jeden Fall hilfreich, dass Sie sich Landkarten zur besseren Orientierung besorgen. Über das Gebiet des Untersees und des Überlinger Sees gibt es verschiedene gute Karten, z. B. mit den Maßstäben 1 : 25 000 oder 1 : 50 000. Karten werden vom Eidgenössischen Amt für Topografie und vom Landesvermessungsamt Baden-Württemberg veröffentlicht (siehe Kapitel 13 »A–Z«). Es gibt zudem spezielle Karten für Wanderer und Fahrradfahrer, doch die Angaben können – je nach Verlag – sehr ungenau sein.

Wir empfehlen Ihnen, bei allen Touren einen Feldstecher dabei zu haben, er sollte Ihr treuester Begleiter werden. Egal, ob kleine, große, billige oder teure Ferngläser: Sie werden mit deren Hilfe tolle Beobachtungen machen können – und das vom Wanderweg aus, ohne Pflanzen zu zertreten und ohne die Tierwelt zu stören.

Mit einer Kamera werden Sie schöne Erinnerungen nach Hause mitnehmen; im Kapitel 12 »Fototipps« geben wir Ihnen einige Profitipps.

Im Kapitel 16 »Literatur und Links« finden Sie Vorschläge für Bücher und Webseiten. Wir empfehlen Ihnen, vor Ort nur kleine und leichte Bestimmungsbücher mitzunehmen, so bleibt Ihr Rucksack leicht zu (er)tragen!

4 Tour 1 – Kennenlerntouren

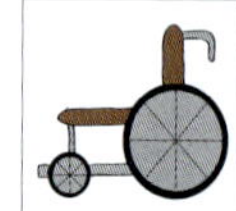

Wollmatinger Ried (Karte Seite 13 oben): Ganzjährig geeignet für **Tagestouristen** und **Übernachtungsgäste.**

Die erste Tour führt Sie zuerst zu dem sicherlich bekanntesten Schutzgebiet des Bodensees. Fahren Sie von der B 33 aus kommend in das Gewerbegebiet Unterlohn (Fritz-Arnold-Straße) und suchen Sie nach einer Rechtskurve einen Parkplatz. Gehen Sie zum Wertstoffhof bei der Kläranlage (Fritz-Arnold-Straße). Dort gehen Sie links, an einigen wenigen Parkplätzen vorbei. Sie stoßen nun direkt auf das Wollmatinger Ried, wo es immer geradeaus bis zum Bodenseeufer mit dem Blick auf das Schweizer Städtchen Gottlieben geht. Zurück geht es denselben Weg.

Strecke: ca. 1,5 km, ca. 1–2 h

Halbinsel Mettnau (Karte Seite 13 unten): Für **Tagestouristen** und **Übernachtungsgäste** zwischen 1. September und 14. April geeignet. Innerhalb der Brutzeit gesperrt!

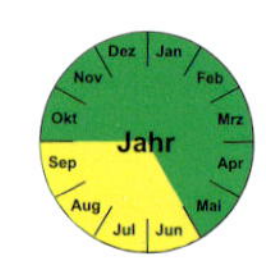

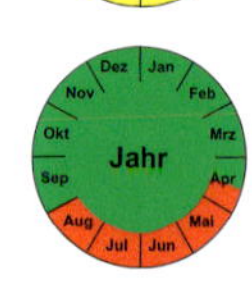

Sie erreichen die Halbinsel, wenn Sie in Radolfzell der Beschilderung »Kurklinik, Strandbad Mettnau« folgen. Fast am Ende der Straße (linker Hand) befinden sich die Parkplätze (Strandbadstraße). Gehen Sie in östlicher Richtung den Floerickeweg entlang, an Tennisplätzen vorbei (links), um dann am Ende des Klinikparkplatzes links auf einen Waldweg zu gelangen. Gehen Sie ohne abzubiegen weiter, bis links der Finckh-Turm und vor Ihnen der Bodensee erscheint. Rechts geht es in das Naturschutzgebiet. Folgen Sie dem Trampelpfad, bis Sie an das Ufer des Bodensees gelangen. Zurück geht es auf demselben Weg.

Gehen Sie vor Sonnenaufgang los. Dann haben Sie Ruhe und die Tiere sind – noch etwas verschlafen – besser zu entdecken.

Ausrüstung: Feste Schuhe, Feldstecher, Sonnenhut, Vogelbestimmungsbuch, Film- oder Fotokamera, Stativ, kleiner Hocker, etwas zu essen und zu trinken.

Strecke: ca. 2 km, ca. 3 h

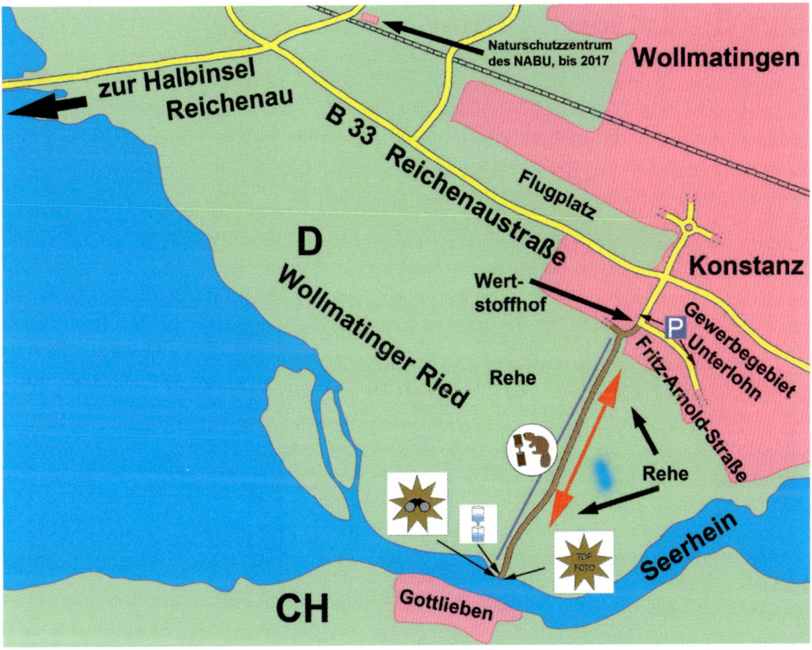

Naturschutzzentrum des NABU, bis 2017
Wollmatingen
zur Halbinsel Reichenau
B 33 Reichenaustraße
Flugplatz
D
Konstanz
Wert-stoffhof
Wollmatinger Ried
Rehe
P
Gewerbegebiet Unterlohn
Fritz-Arnold-Straße
Rehe
TOP FOTO
Seerhein
CH
Gottlieben

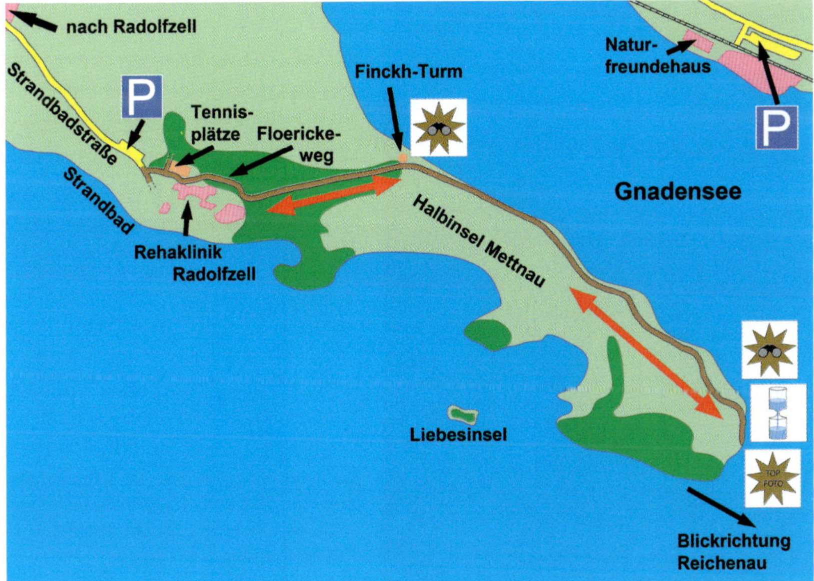

Der Bodensee hautnah

Dass wir für die erste Bodenseetour unsere Leserinnen und Leser auf zwei Wanderungen schicken, hat einen einfachen Grund: Das Wollmatinger Ried gehört wegen seiner ausgedehnten Schilfflächen eigentlich zu den spektakulärsten Naturschutzgebieten am Bodensee. Leider besteht aber nur die Möglichkeit, einen einzigen Weg zu gehen, der weitab des eigentlichen Schilfgebietes entlangführt. Nur bei einer geführten Wanderung wird den Interessierten ein näherer Einblick gewährt. Sehr schade, dass es in Deutschland so schwierig zu sein scheint, einen größeren Teil eines einmaligen Gebietes der Öffentlichkeit zugänglich zu machen. In Aiguamolls, an der Costa Brava, lässt sich sehr schön sehen, dass so etwas ohne Beeinträchtigung der Natur gut möglich ist.

Um eine wirklich abenteuerliche Schilfdurchquerung zu erleben, ist wiederum das Schutzgebiet auf der Halbinsel Mettnau genau das Richtige. Hier kann der Besucher Schilf wortwörtlich hautnah erleben. Gerade für Kinder ist so etwas enorm wichtig.

Natürlich raschelt es gewaltig, wenn ein Mensch durch das Schilf streift. Tiere zu sehen ist dann durchaus schwierig. Dies wiederum ist im Wollmatinger Ried einfacher: Rehe und Wasservögel sind garantiert zu entdecken. Jedes Gebiet hat für sich genommen etwas Besonderes, weswegen wir zwei Wege als Tour 1 anbieten. Auch wenn wir es nicht empfehlen: Sie sind so kurz, dass beide an einem Tag gegangen werden können.

Recht abenteuerlich gestaltet sich der Weg durch das Naturschutzgebiet der Halbinsel Mettnau. Zeitweise begleitet den Besucher übermannshohes Schilf, was sehr beeindruckend ist!

Wollmatinger Ried

Beginnen wir mit dem Wollmatinger Ried. Hier gibt es nur zu Beginn eine Schwierigkeit – und zwar, einen Parkplatz zu finden. Diese sind nur im Gewerbegebiet Unterlohn in Konstanz vorhanden. Zwar gibt es dem Wertstoffhof gegenüber auch eine Handvoll, doch sind diese nicht zu empfehlen, da sie oft mit Unrat verschmutzt sind (u. a. Glas). Leider gibt es keine brauchbare Empfehlung, das Gebiet mit öffentlichen Verkehrsmitteln zu erreichen, am ehesten ginge dies noch mit dem Rad.

Der beinahe schnurgerade Weg führt Sie überwiegend entlang eines Entwässerungsgrabens, daneben regelmäßig gemähte Wiesen- und Schilfflächen rechter Hand und ein künstlicher Teich und ebenfalls regelmäßig gemähte Wiesen linker Hand. Auf den ersten Metern befindet sich links teilweise noch Bebauung. Im Graben halten sich eigentlich immer zumindest Stockenten auf, die in dem nahegelegenen, krautigen Bewuchs ihre Nester anlegen. Doch ein wenig spannender ist sicher ein anderes wasserliebendes Tier, nämlich der Biber (*Castor fiber*).

Seit 2005, wohl aus der Schweiz eingewandert, leben Biber im Ried. Sie sind mit ihren ca. 100 cm Länge die größten europäischen Nagetiere und können bis zu 30 kg schwer werden. Vom im gleichen Lebensraum vorkommenden Nutria

Der Blick zurück am Start der Tour. Ein Blick in die Wassergräben kann sich lohnen. Doch gehen Sie so leise wie möglich an deren Rand. Biber können blitzschnell abtauchen!

(dem nicht einheimischen »Sumpfbiber«) unterscheidet er sich durch seinen breiten Schwanz, der sogenannten Biberkelle. Biberspuren sind auf dieser Tour überall zu entdecken, besonders gut aber in und an den Gräben. Mit Glück – und wenn Sie sehr frühzeitig kommen – ist er manchmal auch selbst zu sehen. Gerne hält er sich am Ufer des Seerheins auf. Doch dazu später mehr.

Sowohl links als auch rechts des Weges sind eigentlich täglich und zu jeder Tageszeit Rehe anwesend. Beobachten lassen sie sich sehr gut, fotografieren weniger gut, weil sie meistens eine größere Distanz zum Weg hin wahren.

Auf der linken Seite, mitten in der Wiese, wurde ein flacher Tümpel angelegt, der Enten und Limikolen als Rastplatz dient – der Bodensee ist für einige Vogelarten zu tief. Es lohnt sich immer, mit dem Fernglas diesen Tümpel »abzuleuchten«.

Der NABU (siehe Kapitel 13 »A–Z«) bietet regelmäßig Wanderungen in den für Besucher gesperrten Teil des Naturschutzgebietes an. Es sind sehr lehrreiche und mit vielen zusätzlichen Fotomotiven gespickte Touren!

Der untrügliche Beweis: Hier hat es sich ein Biber schmecken lassen!

Nicht selten, aber selten zu sehen: die Wasserralle. Zu hören ist sie allerdings öfter. Ihr Ruf erinnert an das Quieken eines Schweines.

Schließlich gelangen Sie zum Ufer des Seerheins und blicken auf das Schweizer Gottlieben auf der gegenüberliegenden Seerhein-Seite. Sie werden hier (und auch auf der Mettnau) Lachmöwe, Haubentaucher, Blesshuhn, Zwergtaucher, Eisvogel, Höckerschwan, Kormoran, Graureiher, Stockente, Kolbenente, Bachstelze, Kohlmeise, Zilpzalp und Kuckuck sehen und hören. Wenn Sie sehr früh am Morgen kommen und sich ganz ruhig nähern, können Sie vielleicht am Ufer einem Biber beim Fressen zuschauen! Nehmen Sie ein Picknick mit und verweilen Sie ein, zwei Stunden an diesem Ort. Dann gewöhnen sich die Tiere an Sie und werden näher an Sie herankommen.

Leider können Sie, am Ufer angekommen, nicht weiterwandern.

Gegenüber liegt das Schweizer Gottlieben. Planen Sie eine Tour dorthin! Es gibt einen schönen Wanderweg nahe des Ufers mit schönen Aussichten auf den Seerhein.

Halbinsel Mettnau

Ganz anders präsentiert sich dieser Teil unserer Kennenlerntour. Beachten Sie, dass das Schutzgebiet zur Brutzeit nicht zugänglich ist! Wenn Sie vom Parkplatz aus den Weg Richtung Bodensee gegangen sind, stoßen Sie auf einen Aussichtsturm. Dort haben Sie einen schönen Rundumblick auf den Gnadensee.

Wenn Sie durch das Tor in das eigentliche Schutzgebiet gegangen sind, geht es auf einem Trampelpfad weiter. Bitte gehen Sie so leise wie möglich und sprechen Sie nicht zu laut. Nur so werden Sie die Chance haben, Kuckuck, Kohlmeise, Rabenkrähe, Eichelhäher, Rotkehlchen, Zaunkönig, Kleiber, Buntspecht, Schwanzmeise und viele andere Vögel zu sehen oder zu hören. Später dann haben Sie die Möglichkeit, typische Schilfbewohner wie verschiedene Rohrsängerarten und die Rohrammer zu entdecken. Am Ufer angekommen, werden Sie neben den schönen Landschaftsbildern vor allem viele Schwäne und Möwen fotografieren können. Bleiben Sie dort länger sitzen, erst dann werden Sie mehr entdecken, als die meisten anderen Besucher.

Der Kuckuck, jeder weiß es, brütet nicht selbst. Zu seinen bevorzugten »Leihmüttern und -vätern« gehören die Teichrohrsänger. Im Wollmatinger Ried und auf der Mettnau sind Rohrsänger wegen des Schilfes sehr häufig.

Solche Bilder sind nur mit viel Geduld möglich. Wegen dessen Größe hatte der Haubentaucher an diesem Fisch seine liebe Mühe, bevor er ihn endlich hinunterschlucken konnte.

Aus dem Leben der Lachmöwe

Die Lachmöwe (*Larus ridibundus*) ist in der Schweiz und in Deutschland ein häufiger Brutvogel, in Österreich ist er seltener. Die Lachmöwe ist ein sogenannter Kurzstreckenzieher, d. h., dass sie ein Gebiet immer nur so weit verlässt wie nötig. Wichtig ist ihr, dass es genügend Nahrung gibt. Dabei spielt das Wetter eine untergeordnete Rolle.

Lachmöwen nutzen gerne künstliche Brutinseln und stehen damit leider in Konkurrenz zu den wesentlich selteneren Flussseeschwalben. Diese Aufnahme entstand in Lengwil (siehe dazu auch Kapitel 10, Tour 7).

Eine ausgewachsene Lachmöwe im Schlichtkleid (links) und im Prachtkleid (rechts).

Der Vogel wechselt, wie die meisten Vögel, jährlich sein Gefieder – er mausert. Zur Brutzeit im Frühjahr trägt er ein sogenanntes Prachtkleid, das restliche Jahr über ein sogenanntes Schlichtkleid. Die Lachmöwe ist ein Allesfresser und ernährt sich sowohl von pflanzlicher als auch von tierischer Nahrung. Sie lässt sich bei der Nahrungssuche auf Äckern, aber auch auf Abfalldeponien, innerhalb von Siedlungen, an Gewässern oder auch bei der Aufnahme von Aas beobachten. Die Lachmöwe wird im Alter von zwei Jahren geschlechtsreif und baut zur Brutzeit im Frühling (meist ab Mitte April) ein Nest, in welches drei braun bis olivgrün gefärbte und gefleckte Eier gelegt werden. Nach ca. drei Wochen schlüpfen aus den von beiden Eltern bebrüteten Eiern die Jungen. Sie bleiben immer in Nestnähe und werden gefüttert, bis sie im Alter von ca. 26 Tagen flügge sind.

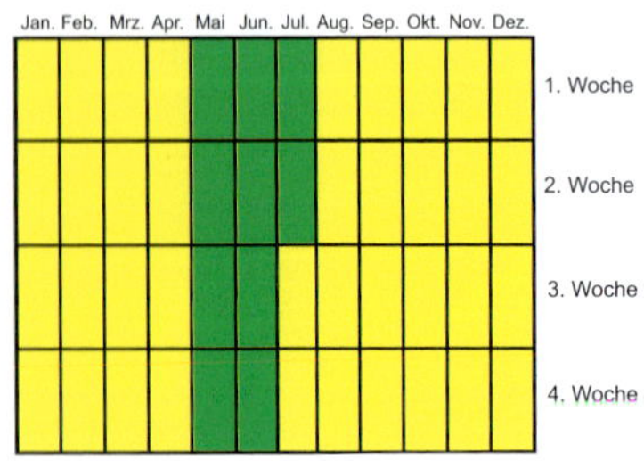

Lachmöwen sind praktisch das ganze Jahr über anzutreffen, aber während der Brutzeit sind sie natürlich leichter zu finden.

Tafel 1: Neophyten und Neozoen (eingeschleppte Pflanzen und Tiere)

Als Neophyten und Neozoen werden nicht einheimische Arten bezeichnet, die nach 1492, der Entdeckung Amerikas, durch Menschen eingeschleppt wurden.

Die Echte Goldrute *(Solidago virgaurea)* ist ein sehr häufiger Neophyt in Mitteleuropa.

Paulownia, auch Chinesischer Glockenbaum genannt, im Dingelsdorfer Ried.

Nicht der Schwalbenschwanz ist der Eindringling, sondern der Schmetterlingsstrauch *(Buddleja davidii)*!

Das Indische Springkraut *(Impatiens glandulifera)* verdrängt gnadenlos einheimische Arten.

Die Rostgans *(Tadorna ferruginea)* brütet schon seit Jahren am Bodensee.

Die Nutrias *(Myocastor coypus)* haben, anders als Biber, einen runden Schwanz.

5 Tour 2 – Mindelseetour

Ganzjährig geeignet für **Tagestouristen** und **Übernachtungsgäste.**

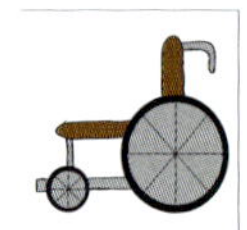

Nur teilweise zugänglich

Ausgangspunkt am Mindelsee, ein international bedeutendes Schutzgebiet, ist ein Parkplatz, der an der K 6167 zwischen Möggingen und Radolfzell liegt. Von dort aus geht es Richtung Südosten, bis sich der Weg gabelt, wo es dann nach rechts abgeht. Folgen Sie dem Hauptweg, ohne abzubiegen, bis Sie wieder an eine Gabelung gelangen. Dort geht es links entlang, an einem Parkplatz vorbei, links in den Wald (rechter Hand liegt ein Friedhof). Bleiben Sie immer auf dem Hauptweg, ohne abzubiegen. Am östlichen Rand des Sees folgen Sie dem Hauptweg (beachten Sie den Wegweiser und gehen Sie Richtung Seewiesen). Nachdem Sie einen Pfad hinter sich gelassen haben, folgen Sie dem nächsten Wegweiser Richtung Hirtenhof. Über zwei kleine Brücken gelangen Sie nun an eine Gabelung, an der Sie links weitergehen (rechts geht es Richtung K 6168 und zum Neuntöter). Nach einer Rechtskurve gehen Sie weiter geradeaus. An der nächsten Wegkreuzung halten Sie sich links und folgen einem verschlungenen Pfad. Hinter einer Rechtskurve kommt ein Aussichtspunkt. Nun geht es über einen Holzpfad und Wiesen durch einen Wald. Sobald der Weg aus dem Wald herausführt, müssen Sie sich nach links wenden. An der nächsten Gabelung treffen drei Wege aufeinander. Sie gehen scharf links (geradeaus ginge es nach Möggingen). Schließlich kommen Sie an die Gabelung, wo es zurück zum Parkplatz geht.

Ausrüstung: Feste Schuhe, Feldstecher, Sonnenhut, Vogelbestimmungsbuch, Film- oder Fotokamera, Stativ, Hocker; reichlich Getränke und Essen für ein Picknick.

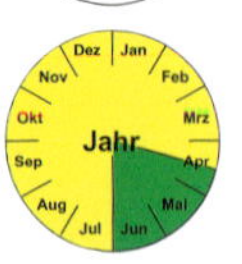

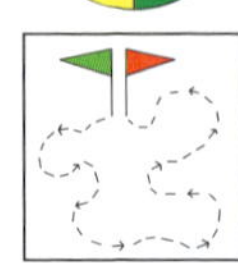

ca. 9 km
(ohne Zusatzwege »Badesteg« und »Neuntöter«), ca. 4–8 h

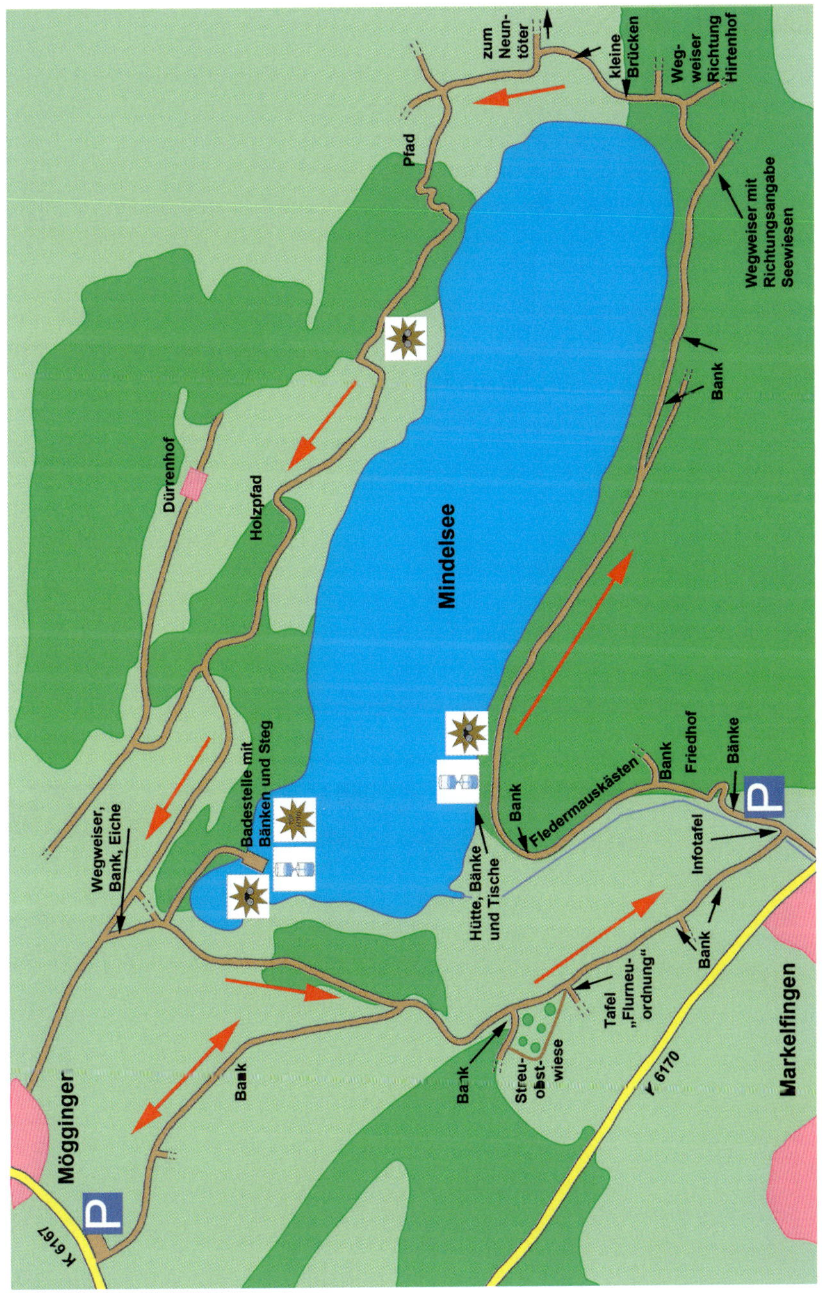
zum Neun-töter
kleine Brücken
Weg-weiser Richtung Hirtenhof
Pfad
Wegweiser mit Richtungsangabe Seewiesen
Bank
Bank
Dürrenhof
Holzpfad
Mindelsee
Badestelle mit Bänken und Steg
Wegweiser, Bank, Eiche
Bank
Fledermauskästen
Bank
Friedhof
Bänke
Infotafel
Hütte, Bänke und Tische
Bank
Tafel „Flurneu-ordnung"
Streu-obst-wiese
Bank
Bank
6170
Markelfingen
Möggingen
K 6167

Der Mindelsee

Der Mindelsee liegt nordöstlich von Radolfzell im Bodanrück-Hügelland und entstand in der letzten Eiszeit durch Schmelzwasser. Schon im Mittelalter wurden weite Teile des ehemals viel größeren Moorsees trockengelegt, um mehr Ackerland zu gewinnen und um Torf abzubauen. Dazu wurde das Wasser über den durch Markelfingen fließenden Mühlbach direkt in den Bodensee abgeleitet. Das gesamte Naturschutzgebiet Mindelsee ist ca. 4 km^2 groß, wovon 1,2 km^2 auf den See selber fallen.

Um den See herum finden Sie eine abwechslungsreiche Kulturlandschaft, bestehend aus Bächen, Gräben, Schilfbeständen, Äckern, Hecken und Streuobstwiesen. Auch ein größeres Waldgebiet grenzt direkt an den Mindelsee. Ungefähr 700 Blütenpflanzen, 600 Käfer- und 400 Schmetterlingsarten sowie zehn Amphibienarten leben im See und um den See herum. Von den am Bodensee bislang über 200 nachgewiesenen Vogelarten brüten dort um die 80 Arten. Der Mindelsee steht unter einem ungeheuren Druck der gegenwärtigen Freizeitgesellschaft: Wanderer, Jogger, Spaziergänger mit Hunden, Mountainbiker, Badegäste, Reiter und Nordic-Walker bringen permanente Unruhe in das Gebiet. An dieser Stelle möchten wir einmal eine Lanze für die Kinder brechen. In unserer schnelllebigen Zeit haben sie kaum mehr die Möglichkeit, unsere fantastische

Der idyllische Mindelsee, von einem Hügel bei Möggingen aus betrachtet. Im Hintergrund ist Markelfingen zu erkennen, dahinter kommt der (nicht sichtbare) Gnadensee mit seiner Hügellandschaft am Ostufer. Gerade noch zu erkennen sind die schneebedeckten Spitzen der Alpen.

Natur von der Pike auf kennenzulernen. Heute wird mehr Wert darauf gelegt, die richtigen Kopfhörer zum Joggen auszuwählen, als mit den Kindern einen ruhigen und entspannten Nachmittag bei zwitschernden Vögeln, auf duftenden Wiesen und bei rauschenden Bächen zu verbringen. Unsere Buchreihe »Hotspots Europas« will hier ein wenig lenkend eingreifen und hofft, dass der eine oder andere merkt: Wandern ist auch eine Art des Joggens, aber mit viel mehr Eindrücken – und doch genauso gesund!

Obwohl ein jeder den Namen dieses kleinen, unscheinbaren Vogels kennt: In freier Wildbahn wird er allein vom Aussehen her wohl nicht bestimmt werden können. Sein Gesang ist einmalig und fand sogar in der Literatur seinen Platz. Es handelt sich um die Nachtigall!

Das Schutzgebiet wird vom BUND (siehe Kapitel 13 »A–Z«) betreut, der in Möggingen eine Geschäftsstelle betreibt. Er ist zuständig für die Landschaftspflege, für das Sammeln der Daten zu den vorkommenden Tier- und Pflanzenarten und er ist Ansprechpartner für Behörden und Besucher des Gebietes. Sollten Sie den Mindelsee näher kennenlernen wollen, nehmen Sie an einer der Führungen teil. Sie werden viel Interessantes über das Gebiet erfahren.

Übernachten Sie in Möggingen, Liggeringen oder Markelfingen. Von dort aus können Sie zu Fuß oder zumindest mit dem Fahrrad schnell in das Schutzgebiet gelangen.

Auf dem Dach der Geschäftsstelle des BUND in Möggingen brütet jedes Jahr ein Weißstorchpaar. Das Nest lässt sich prima beobachten und gute Fotos sind auch noch möglich.

Nahe des Storchennestes gibt es einen kleinen Teich. An diesem konnte ich mehrmals einen Graureiher bei seiner »unerlaubten« Jagd nach schwimmenden Teichbewohnern fotografieren. Einfacher sind Tierfotos kaum zu machen!

Das gibt es zu sehen

Wenn Sie vom Parkplatz bei Möggingen aus starten, treten Sie in eine offene Landschaft mit extensiv bewirtschafteten Wiesen. Dort werden vornehmlich umweltfreundliche Mähmaschinen eingesetzt, nämlich Schafe. Deren Dung bietet die Nahrungsgrundlage für viele Insekten, diese wiederum dienen kleinen Säugetieren und Vögeln als Nahrung – und schließlich kommen am Ende der Nahrungskette die größeren Greifvögel und der Fuchs. Nehmen Sie daher Ihr Fernglas in die Hand und beginnen Sie schon dort bei den Wiesen, nach interessanten Tieren Ausschau zu halten. Krähen, Weißstorch, Rotmilan, Elster, Turmfalke und Reh sind regelmäßig bei ihrer Nahrungssuche zu beobachten.

Rechter Hand kommen Sie an einem Schilfbestand vorbei. Achten Sie dort auf Rohrsänger, Rohrammer und Feldsperling.

Einer der Standorte am Mindelsee, an denen Sie wirklich leicht Vögel beobachten können, ist eine schöne kleine Streuobstwiese, die direkt am Wanderweg liegt. Doch bitte halten Sie sich etwas abseits der Wiese, sonst stören Sie die dort brütenden Vögel.

In einem der Telefonmasten auf der Streuobstwiese hat vor Jahren ein Specht seine Bruthöhle gezimmert. Ein Starenpärchen übernahm sie im darauffolgenden Jahr.

Der nächste Höhepunkt ist eine Streuobstwiese. Hier ist immer etwas los – vor allem zur Brutzeit. Auf den offenen Flächen suchen Amsel, Feldsperling, Kohlmeise, Blaumeise und der Grünspecht ihre Nahrung. In den natürlichen und vom Buntspecht gezimmerten Höhlen brüten Meisen, Sperlinge und Stare – und natürlich auch Spechte.

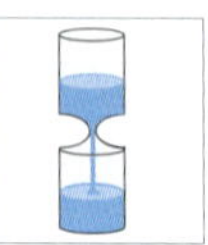

Lassen Sie sich am Rande der Streuobstwiese nieder, entweder auf der dort vorhandenen Bank oder etwas abseits auf einem mitgebrachten Hocker. Sie werden staunen, wer alles auf diesem kleinen Fleckchen lebt.

Weiter geht es vorbei an Feldern (rechts) und teilweise offener Landschaft (links), bis Sie am Ende des Weges einen kleinen Bach erreichen. Sie gehen dort links und kommen an der zweiten Parkmöglichkeit am Mindelsee vorbei. Rechts auf den Wiesen zeigen sich immer wieder Graugänse, wenn sie nicht von freilaufenden Hunden gejagt werden. Nun führt Sie der Weg eine längere Zeit durch einen Wald, in dem Sie Eichhörnchen, Ringeltauben und manchmal jagende Habichte beobachten können.

Wegen ihrer Größe kaum zu übersehen und wegen ihres lauten »Klatschens« beim Abfliegen auch nicht zu überhören: die Ringeltaube.

Am See steht eine Hütte und davor sind Bänke und Tische – ein schöner Platz zum Picknicken und Beobachten. Zudem eine prima Stelle, um Eichhörnchen zu entdecken: Die sind oft schon lange – noch bevor Sie sie sehen – zu hören, weil sie laut raschelnd im Laub nach Nahrung suchen.

Nachdem Sie den Wald hinter sich gelassen haben, kommen Sie in eine immer offener werdende Landschaft. Hier überqueren Sie zwei kleine Brücken, die einen Hinweis auf das ehemals vorhandene Moor geben. Schließlich erreichen Sie eine Weggabelung und einen befestigten Weg. Dort geht es eigentlich links weiter, doch machen Sie unbedingt einen Abstecher nach rechts. Denn hier erwartet Sie eine schöne, offene Wiesenlandschaft mit Büschen, Hecken und – im Frühling und Sommer – mit blühenden Blumen. Zwischen Mai und Juli erwartet Sie dort ein tierischer Höhepunkt: der Neuntöter. Er hält sich gerne hoch auf exponierten Stellen von Sträuchern und Gebüschen auf. Mit Glück direkt am Wanderweg!

Der Neuntöter kennt die Vorratshaltung! Dafür spießt er seine Beutetiere (beispielsweise Käfer) auf Dornen, um sie bei Nahrungsmangel griffbereit zu haben.

Genießen Sie einfach ein paar Minuten auf dem Steg oder am Ufer der Badestelle. Wie immer, lohnt es sich morgens und abends am meisten. Auf dem kleinen Badesteg kommen regelmäßig die verschiedensten Vögel vorbei, um nach dem Rechten zu sehen. Hier war es eine Bachstelze, eine häufige Vogelart im Gebiet des Bodensees.

Kehren Sie nun um und gehen Sie auf dem ursprünglichen Weg durch Wäldchen, über offene Flächen, an einem lohnenswerten Aussichtspunkt vorbei, um schließlich, nachdem Sie einen Holzpfad hinter sich gelassen haben, ein weiteres Waldstück zu erreichen. Hier leben Amsel, Kleiber, Bunt- und Schwarzspecht. Wenn Sie den Wald verlassen, seien Sie besonders leise: Auf den nun vor Ihnen liegenden Wiesen äsen morgens und abends gerne Rehe. An der nächsten Weggabelung (mit Wegweiser, einer Bank und einer Eiche) geht es scharf links, bis linker Hand ein Pfad auftaucht, auf dem es zu einer Badestelle geht. Folgen Sie diesem Weg und lassen Sie sich überraschen! Übrigens, Hunde sind dort – auch angeleint – verboten!

Nach dem Abstecher zum Badesteg geht es weiter bis zur nächsten Abzweigung, an der Sie, nach rechts gehend, wieder auf den Parkplatz gelangen.

Was gibt es sonst noch zu sehen?

Folgende Tiere können Sie auch entdecken: Schwarzmilan, Rotmilan, Mäusebussard, Graureiher, Kolbenente, Schwarzspecht, Wendehals, Flussseeschwalbe, Eisvogel, Kuckuck, Tannenmeise, Singdrossel, Mönchgrasmücke, Gartenrotschwanz, Schwanzmeise, Zauneidechse, Feldgrille, Buschwindröschen, Sibirische Schwertlilie, verschiedene Orchideenarten, Wollgras, Herbstzeitlose und das Scharbockskraut.

Aus dem Leben der Graugans

In den 1970er-Jahren war die Graugans recht selten und unglaublich scheu. Es war kaum möglich, näher als 200 m an sie heranzukommen. Gebrütet hat sie zu dieser Zeit in Mitteleuropa auch nur noch an relativ wenigen Stellen. Mittlerweile aber ist sie sehr häufig anzutreffen und brütet in dem hier vorgestellten Gebiet des Bodensees regelmäßig.

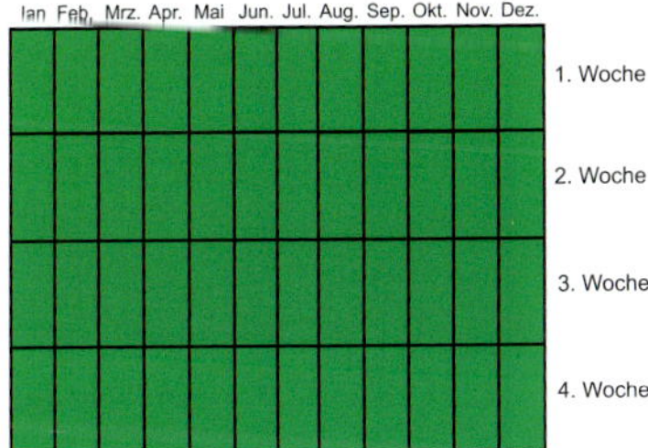

Im Prinzip ist die Graugans das ganze Jahr über anzutreffen, besonders zur Zugzeit auch in größeren Ansammlungen.

Wenn die Graugänse (*Anser anser*) im Alter von drei Jahren geschlechtsreif werden, haben sie schon ihren Partner fürs Leben gefunden. Die vier bis neun Eier werden 28 Tage lang bebrütet, bis die Küken schlüpfen. Von Beginn an nehmen sie nur pflanzliche Nahrung zu sich, welche ihnen vom Weibchen angezeigt oder ausgegraben wird. Dabei ist die Familie meist im Wasser unterwegs und das Männchen passt auf die ganze Schar auf.

Mit ca. 60 Tagen sind die Jungen einigermaßen flugfähig. Erwachsene Gänse äsen vielfach auf landwirtschaftlichen Flächen, was natürlich Konflikte mit den Bauern nach sich zieht. Dabei sind die Gänse allerdings prima zu beobachten und zu fotografieren!

Graugänse sind unverwechselbar und mit 4 kg Gewicht die größten einheimischen Gänse. Weil sie in den vergangenen Jahren immer weniger gejagt wurden, sind sie recht einfach zu fotografieren. Doch nähern Sie sich ihr langsam, damit sie weiß, dass Sie keine Gefahr darstellen.

Schön sind sie nicht, die wenige Tage alten Grauganskĳken (links), aber doch niedlich. Und auch das fast ausgewachsene Gänsejunge (rechts) muss sich wahrlich nicht verstecken.

Tafel 2: Baumkeimlinge

6 Tour 3 – Kolbenententour

Ganzjährig geeignet für **Tagestouristen** und **Übernachtungsgäste.**

Ein recht unbekanntes, aber sehr interessantes Gebiet am Bodensee ist das Naturschutzgebiet Dingelsdorfer Ried. Dort hat man (fast) die Garantie, Kolbenenten zu sehen.

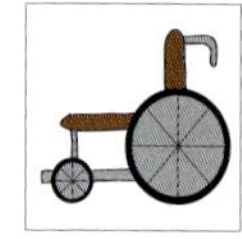

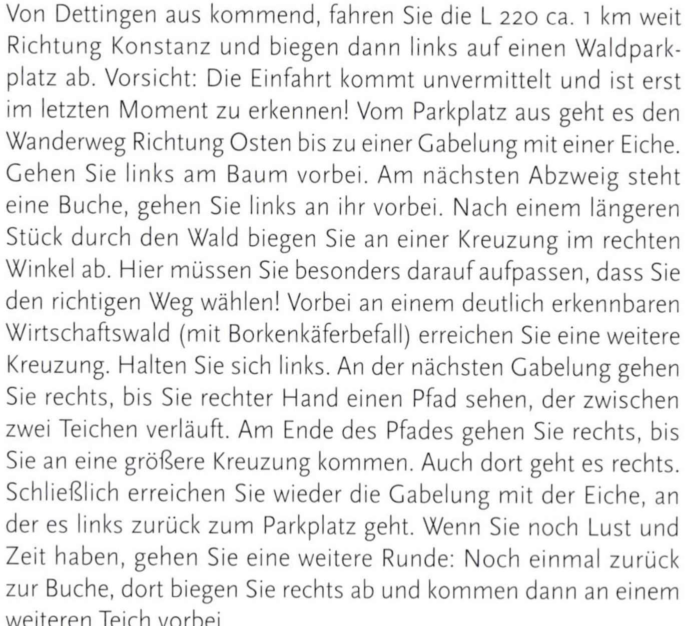

Von Dettingen aus kommend, fahren Sie die L 220 ca. 1 km weit Richtung Konstanz und biegen dann links auf einen Waldparkplatz ab. Vorsicht: Die Einfahrt kommt unvermittelt und ist erst im letzten Moment zu erkennen! Vom Parkplatz aus geht es den Wanderweg Richtung Osten bis zu einer Gabelung mit einer Eiche. Gehen Sie links am Baum vorbei. Am nächsten Abzweig steht eine Buche, gehen Sie links an ihr vorbei. Nach einem längeren Stück durch den Wald biegen Sie an einer Kreuzung im rechten Winkel ab. Hier müssen Sie besonders darauf aufpassen, dass Sie den richtigen Weg wählen! Vorbei an einem deutlich erkennbaren Wirtschaftswald (mit Borkenkäferbefall) erreichen Sie eine weitere Kreuzung. Halten Sie sich links. An der nächsten Gabelung gehen Sie rechts, bis Sie rechter Hand einen Pfad sehen, der zwischen zwei Teichen verläuft. Am Ende des Pfades gehen Sie rechts, bis Sie an eine größere Kreuzung kommen. Auch dort geht es rechts. Schließlich erreichen Sie wieder die Gabelung mit der Eiche, an der es links zurück zum Parkplatz geht. Wenn Sie noch Lust und Zeit haben, gehen Sie eine weitere Runde: Noch einmal zurück zur Buche, dort biegen Sie rechts ab und kommen dann an einem weiteren Teich vorbei.

Rad muss zw. den Teichen geführt werden.

Ausrüstung: Feste Schuhe, Feldstecher, Sonnenhut, Vogelbestimmungsbuch, Film- oder Fotokamera, Stativ, Hocker; reichlich Getränke und Essen für ein Picknick.

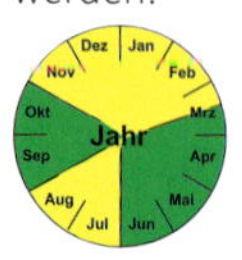

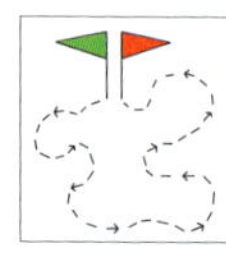

ca. 3,1 km,
ca. 2–3 h

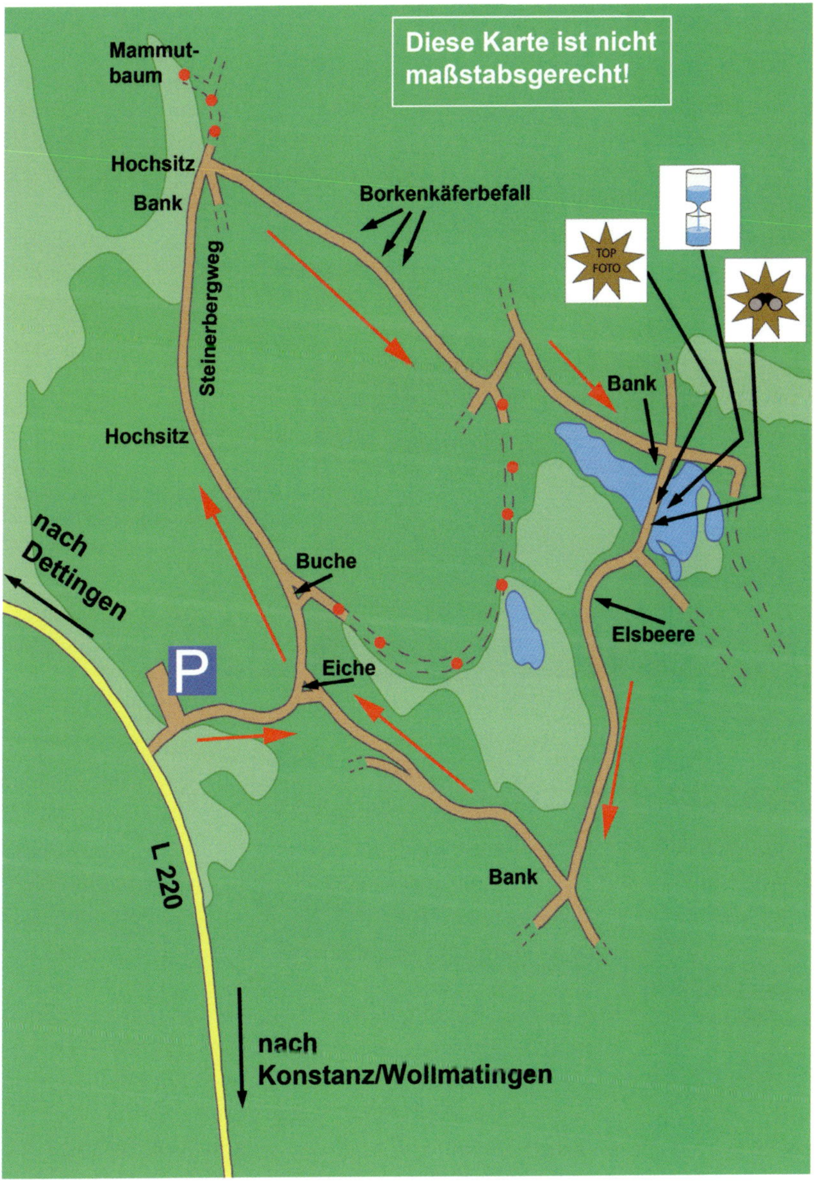

Diese Karte ist nicht maßstabsgerecht!

Mammut-
baum

Hochsitz

Bank

Steinerbergweg

Borkenkäferbefall

TOP
FOTO

Bank

Hochsitz

nach
Dettingen

Buche

Eiche

P

Elsbeere

L 220

Bank

nach
Konstanz/Wollmatingen

Das Dingelsdorfer Ried

Das Teichgebiet entstand ursprünglich aus einer künstlichen Aufstauung (wohl zum Zweck der Fischzucht). Die Teiche sind nicht besonders groß, beherbergen aber eine erstaunlich hohe Zahl an Tier- und Pflanzenarten. Erwähnenswert sind hier vor allem Laubfrosch, Wechselkröte und Kolbenenten. Die Wasserfläche ist stellenweise von der Weißen Seerose besiedelt. Ebenso wie der Mindelsee ist auch das Dingelsdorfer Ried – vor allem wegen dessen Nähe zu Konstanz – einem starken Druck durch den Menschen ausgesetzt. Bitte achten Sie darauf, ihren Hund immer angeleint zu lassen, und fahren sie bitte nicht mit dem Rad auf dem Pfad zwischen den Teichen.

Wir werden es niemals verstehen, warum es immer wieder Menschen gibt, denen das Wohl wildlebender Tiere scheinbar völlig egal ist. Dieser freilaufende Hund jagte direkt auf dem Pfad zwischen den Teichen am Rand sitzende Enten. Und das auch noch in der für die Vögel sowieso schon stressigen Brutzeit.

Das gibt es zu sehen

Schon auf dem Parkplatz können Sie Blaumeise und Kohlmeise, Amsel, Rotkehlchen und sogar den Kernbeißer auf ihrer Nahrungssuche beobachten. Denn dort gibt es ein, vor allem im Winter, gut bestücktes Futterhäuschen.

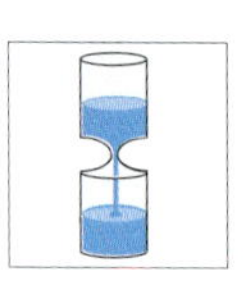

Stellen Sie Ihr Auto ca. 3 m entfernt von dem Futterhäuschen auf und positionieren Sie sich hinter Ihrem Wagen. Legen Sie die Kamera bequem auf das Autodach und warten Sie auf die Besucher des Häuschens. Zwischen November und März kann dies eine reiche Ausbeute bringen! Wir haben dort weit über ein Dutzend Tiere (inkl. Eichhörnchen) beobachten können.

Wenn Sie sich vom Parkplatz lösen konnten, geht es hinein in den Wald. Sie werden immer wieder entwurzelte Bäume entdecken und vielleicht denken, dass es hier ganz schön oft stürmt. Doch dies ist nur die halbe Wahrheit. Denn wie die Bezeichnung Ried schon sagt, ist der Boden hier stark wasserhaltig. Und eigentlich ist Waldwirtschaft bei solchen Verhältnissen nicht sehr einträglich. Die Bäume können sich nicht tief genug verwurzeln, weil der Boden keine feste Grundlage bietet. Deswegen fallen die Bäume auch schon bei relativ leichten Winden einfach um.

Achten Sie beim Gang durch den Wald auf Rehe und Grün-, Grau-, Bunt- und Schwarzspechte. Alle sind das ganze Jahr über anzutreffen. Rehe gehen zum Äsen gerne auf Wiesen und Lichtungen, seien Sie deswegen immer wachsam. Wenn Sie den ersten Teil des Waldes hinter sich haben, öffnet sich die Landschaft. Finden Sie den Mammutbaum, der ein paar Meter entfernt von unserer eigentlichen Tour zu bewundern ist?

Schlecht für den Förster, gut für die Natur: umgestürzte Bäume. Solange sie liegen bleiben, bieten Baumleichen einer unzähligen Flora und Fauna Lebensraum und Nahrung und dem Fotografen schöne Motive.

Besonders im Frühling und im Herbst bezaubert der Wald durch seine Farben. Im Frühling durch das zarte Grün, im Herbst durch eine abwechslungsreiche Farbpalette.

Auf dem linken Bild sehen Sie einen vom Borkenkäfer befallenen Baum. Im rechten Bild sehen Sie die Maßnahme dagegen: Mit dem Sexuallockstoff des Weibchens werden die Männchen in diese Fallen gelockt; einmal hineingeraten, können sie nicht mehr entkommen und müssen sterben

Die Teiche zeigen je nach Tages- und Jahreszeit immer neue, teils wundervolle Lichtstimmungen, besonders am Abend. Ein fantastisches Experimentierfeld für uns Naturfotografen.
Wie die meisten Tiere, so verbringen auch die Kolbenenten die meiste Zeit des Tages mit Ausruhen. Dies gibt uns Fotografen genügend Zeit, ein scharfes, richtig belichtetes und schön gestaltetes Foto mit nach Hause zu bringen.

Sie verlassen nun die offene Landschaft und der Wald umschließt Sie wieder. Es folgt ein längerer Abschnitt durch ein aufgeforstetes Waldgebiet, dem ein gewaltiger Kahlschlag vorausging. Dabei hat sich der Borkenkäfer die nicht gefällten Bäume vorgenommen und befallen. In einem gesunden Wald ist dies auch kein Problem. Wird der Wald jedoch stark bewirtschaftet, kann durch den Käfer ein hoher wirtschaftlicher Schaden entstehen. Übrigens: Überlässt man dem Borkenkäfer das Terrain, wird sich der Wald langsam, aber sicher wieder vollständig regenerieren! Ja, er wird sogar gestärkt daraus hervorgehen und einen neuerlichen Angriff des Käfers deutlich erschweren. Doch diese langjährige Regenerierung möchte ein Waldbesitzer (natürlich)nicht abwarten, weil er ja vom Verkauf des Holzes lebt.

Weiter durch den Wald wandernd, werden Sie immer wieder Nistkästen an den Bäumen entdecken. Hier brüten u. a. die verschiedensten Meisenarten und der Kleiber. Dass der Kleiber im Kasten brütet, können Sie am lehmbedeckten Eingang erkennen. Instinktiv versucht der Kleiber immer, das Höhlenloch so eng wie nur möglich zu gestalten, um Feinde am Eindringen zu hindern (siehe auch Tour 4, Seite 46).

Die Singdrossel, ein sehr häufiger Vogel am Bodensee, brütet in offenen Nestern, die meist direkt am Stamm eines Baumes in geringer Höhe angelegt werden. Aufmerksame Beobachter werden vielleicht ein Nest entdecken. Der wundervolle Gesang der Singdrossel ist den ganzen Frühling bis weit in den Sommer hinein zu hören. Achten Sie bei allen Touren auf diesen Meistersänger!

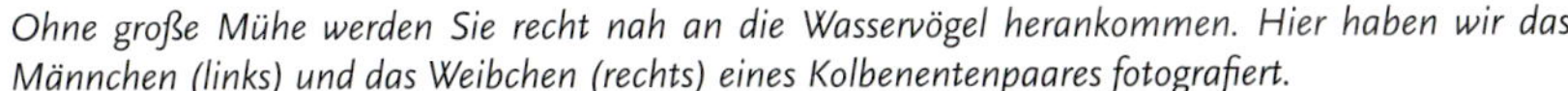
Ohne große Mühe werden Sie recht nah an die Wasservögel herankommen. Hier haben wir das Männchen (links) und das Weibchen (rechts) eines Kolbenentenpaares fotografiert.

Nun erreichen Sie das eigentliche Ziel dieser Tour: die Teiche. Wegen der Vielzahl an Biotopen aus Röhricht, Moorflächen und buschigen Bereichen, lebt und vermehrt sich dort eine erstaunlich große Zahl an Vogelarten. Sie können dort Krick-, Kolben-, Stock- und Knäckenten finden, aber auch Wasserralle, Neuntöter, Eisvogel und Baumfalke.

Libellen gehören ebenfalls zu den erwähnenswerten Tieren. Die Teiche bieten Lebensraum für die Gemeine Winterlibelle, die Hufeisen-Azurjungfer, die Große Königslibelle und die Gefleckte Smaragdlibelle.

Unser persönliches Highlight bei der Beobachtung von Tieren war aber immer die Ringelnatter. Wir sahen jedes Mal eine Schlange – nach Beute Ausschau haltend – durchs Wasser gleiten! Am ehesten ist sie aber auf dem Pfad zwischen den Teichen anzutreffen. Auch deswegen ist es so wichtig, Hunde angeleint zu lassen und Fahrräder zu schieben. Ansonsten kann das sehr schnell unglücklich für diese vollkommen harmlose Natter enden.

Wie alle Schlangen, riecht auch die Ringelnatter mit ihrer Zunge. Im Gaumen hat sie ein Organ (genannt Jacobson'sches Organ), in welchem die aus der Luft aufgenommenen Moleküle abgelegt werden. Dort werden die Moleküle »ausgewertet«, das Tier kann feststellen, ob der Geruch zu einem Beutetier führt und wohin es sich wenden muss. So, wie die beiden Ohren dem Menschen Stereohören ermöglichen, ermöglicht die gespaltene Zunge der Schlange räumliches Riechen. So kann sie genau den Ort finden, von dem der Geruch ausgeht.

Vielleicht nehmen Sie sich die Zeit, die beiden um den Teich herumführenden Wege zu gehen. Es ist auch ein Rundweg mit der Rückkehr zu den Teichen möglich, doch dies nimmt ca. 30 Minuten zusätzliche Wanderzeit in Anspruch! Neue Perspektiven und vielleicht das ein oder andere Tier sind dort zu entdecken.

Haben Sie sich nun an den Teichen und dem Leben dort satt gesehen, geht es weiter Richtung Süden, vorbei an einer Wiese, auf der Kühe eingesetzt werden, um das Verbuschen zu verhindern. Dort finden Sie auch immer wieder Graugänse, die gerne Gras fressen. Linker Hand finden Sie die Elsbeere, eine der seltensten Baumarten in Deutschland. Sie ist nicht nur eine Augenweide, sondern ihr Holz ist besonders edel und ihre Früchte haben heilende Wirkung!

Nachdem Sie an der kommenden Kreuzung rechts abgebogen sind, ist die Tour schon fast zu Ende. Bei der Eiche geht es links wieder zurück zum Parkplatz.

Noch mehr Lust auf das Ried? Dann gehen Sie rechts an der Eiche vorbei und bei der Buche nun scharf rechts. An diesem Weg finden Sie noch einen weiteren Teich und den vermodernden Baumstamm von Seite 35. Zurück können Sie je nach Belieben vorbei an den Teichen mit den Kolbenenten oder den Weg Richtung Mammutbaum nehmen. Planen Sie für den Zusatzweg mind. 15 Minuten ein.

An den Teichen lassen sich fast spielend Flugaufnahmen von Enten und Gänsen machen. Beste Zeit dafür ist ab ca. 2 Stunden vor Sonnenuntergang. Hier haben wir eine fliegende Graugans erwischt.

Aus dem Leben der Waldbaumläufer

Obwohl mit über 60 000 Brutpaaren einer der häufigsten Vögel Baden-Württembergs, kennen wohl nur die wenigsten den Waldbaumläufer. Er bevorzugt Hochwälder in geschlossenen Waldgebieten und hat eine besondere Vorliebe für Fichtenwälder. Genau diese findet er im Gebiet des Dingelsdorfer Rieds.

Schon ab Februar besetzen die Baumläufer ihr Revier, fangen aber erst im März mit dem Bau eines Nestes an, welches immer in Spalten und Nischen zu finden ist. Das Weibchen legt meist 5–6 Eier, welche gut 2 Wochen lang bebrütet werden. Je nach Witterung und der damit verbundenen Häufigkeit von Insekten, welche die (fast) ausschließliche Nahrung dieser Vögel sind, dauert es zwischen 2 und 3 Wochen, bis die Jungen ausfliegen. Weitere 3 Wochen später sind die Jungen schon vollständig auf sich selbst gestellt.

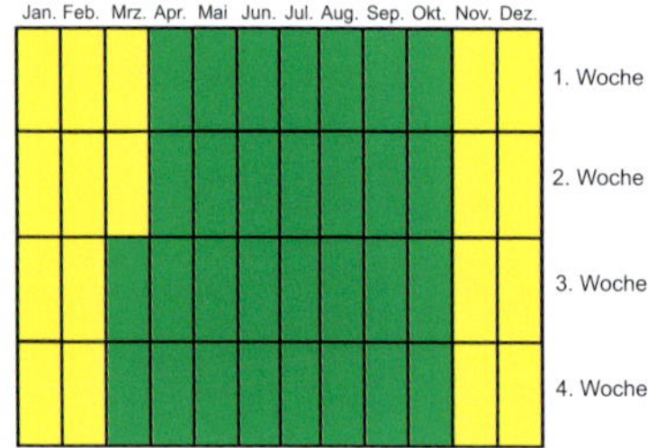

Besonders während der Jungenaufzucht sind die Baumläufer relativ leicht zu beobachten, da sie permanent an Baumstämmen auf Nahrungssuche sind.

An diesem Hochsitz, in einer Spalte an der Seite zwischen Brettern und einem zum Windschutz umfunktionierten Teppich, hat ein Baumläufer sein Nest gebaut. Rechts: Der Waldbaumläufer ist ein putziger Geselle, der wenig scheu ist. Hier bringt er seiner Brut schmackhafte Insektennahrung.

Tafel 3: Baumrinde

Hainbuchen *(Carpinus betulus)* gehören nicht zu den Buchen, sondern zu den Birkengewächsen.

Die Vogelkirsche *(Prunus avium)* ist die Wildform der Süßkirsche.

Die Douglasie *(Pseudotsuga menziesii)* kann ein Lebensalter von bis zu 600 Jahren erreichen.

Die Fichte *(Picea abies)* liefert Bauholz und wird zur Papierherstellung genutzt.

7 Tour 4 – Bisontour

Ganzjährig geeignet für **Tagestouristen** und **Übernachtungsgäste**.

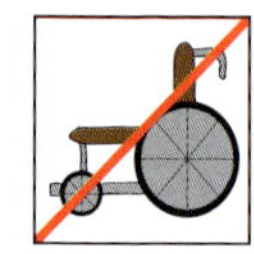

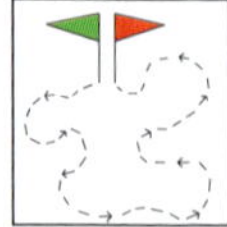

ca. 8 km

In Liggeringen müssen Sie, von der Bodanrückstraße kommend, in die Straße »Beim Turm« abbiegen; an deren Ende befindet sich ein Wanderparkplatz (mit Grill). Von dort aus gehen Sie ein Stück in die Richtung zurück, aus der Sie ursprünglich kamen, und die erste Möglichkeit rechts bis zu einer Kreuzung, an der Sie links abbiegen. Auf dem Hauptweg bleibend, kommen Sie am Bisongehege, an der Bisonstube und an einigen Feldern vorbei. Schließlich geht es im Wald direkt die erste Möglichkeit links. Dort befindet sich eine Schranke. Diese hinter sich lassend, gehen Sie am kommenden Abzweig links. Bleiben Sie auf dem Hauptweg – beachten Sie die Detailkarten! An einer kleinen Lichtung gabelt sich bei einem Mammutbaum der Weg. Sie können nun geradeaus weitergehen und kommen an die Kreuzung, an der Sie schon einmal waren. Rechts geht es dann wieder zum Parkplatz. Sie können aber auch beim Mammutbaum links abbiegen; dann kommen Sie erneut zur Bisonstube. Von dort aus geht es am Bisongehege (rechter Hand) vorbei zurück zum Parkplatz. Ein Parkplatz ist bei der Bisonstube. Der Weg dorthin ist nicht geteert und teilweise sehr schmal. Fahren Sie vorsichtig!

Ausrüstung: Feste Schuhe, Feldstecher, Vogelbestimmungsbuch, Film- und Fotokamera, Stativ, Hocker; Getränke und Essen.

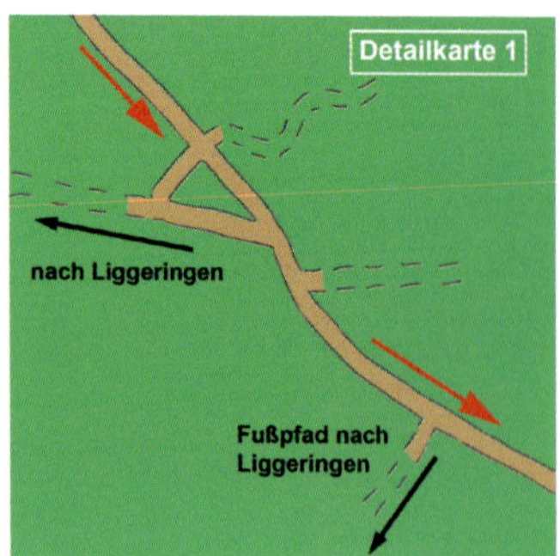

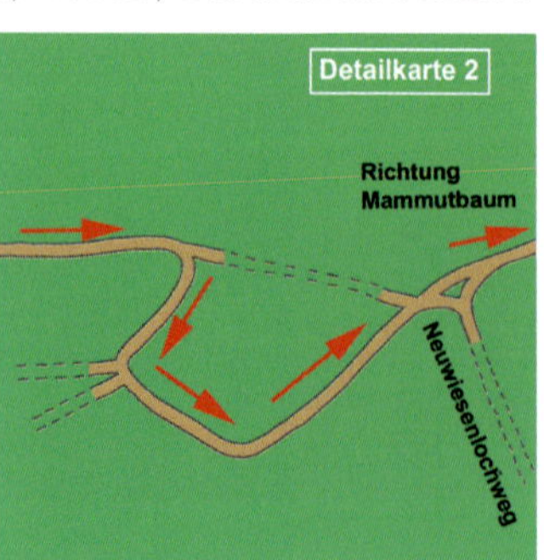

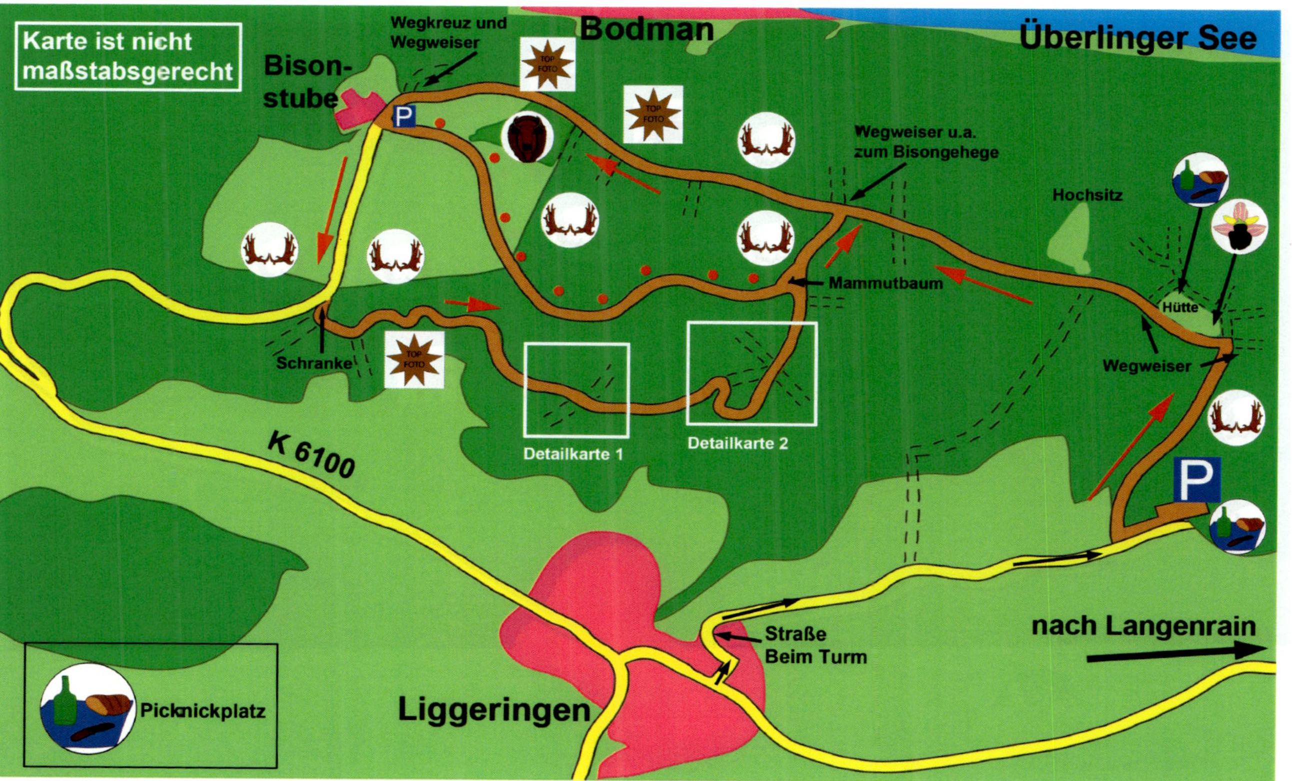
Karte ist nicht
maßstabsgerecht
Bison-
stube
Wegkreuz und
Wegweiser
P
TOP FOTO
Bodman
TOP FOTO
Überlinger See
Wegweiser u.a.
zum Bisongehege
Hochsitz
Mammutbaum
Hütte
Wegweiser
Schranke
TOP FOTO
Detailkarte 1
Detailkarte 2
K 6100
P
Straße
Beim Turm
nach Langenrain
Picknickplatz
Liggeringen

Der Bodanrück

Der Bod(m)anrück erhielt seinen Namen durch die von den Stauferkönigen eingesetzte Verwalterfamilie Bodman. Diese ist seit dem 12. Jh. im Gebiet des Bodanrücks verwurzelt. Beinahe die ganze Tour führt Sie über das vom Graf-Bodman-Rentamt bewirtschaftete Gebiet, das in großen Teilen noch in Privatbesitz ist. Als Bodanrück wird die bewaldete Landzunge zwischen Überlinger See und Gnadensee bezeichnet. Er entstand aus Molassegestein (Sandstein) und ist heute als Hügelland bis zu 700 m hoch. Bei Konstanz und der Halbinsel Reichenau fällt der Bodanrück sanft bis zum Gnadensee ab. Ganz anders bei Bodman: Dort endet der Bodanrück steil zum Überlinger See hin, zerteilt durch tiefe Schluchten. Diese Tour führt Sie u. a. auch zu diesen steil abfallenden Felsen. Am Bodanrück gibt es viele schöne Wege durch den Wald, oft mit einem Blick auf den Bodensee verbunden. Zu den höchsten Erhebungen zählen der Hügelstein (631 m) südlich von Bodman und der Mühlberg (673 m) südwestlich von Bodman. Von der Ruine der Burg Altbodman und dem Kloster Frauenberg aus haben Sie wundervolle Ausblicke auf den Überlinger See.

Das gibt es zu sehen

Der Unterhalt kostet den Grafen viel Geld und der Verkauf von Holz reicht nicht immer aus, um genügend Einnahmen zu verzeichnen. Daher kann es im Herbst auch vorkommen, dass Sie dem Förster mit einem Jagdgast begegnen, der auf einen kapitalen Damhirsch aus ist. Ein legitimes Mittel, Einnahmen zu erzielen.

Einer der Ausblicke auf den Überlinger See, den Sie auf dieser Tour erleben können. Rechts im Bild die Kapelle Frauenberg (auch Schloss Frauenberg genannt). Im Hintergrund Bodman-Ludwigshafen.

Das Damwild oben auf dem Bodanrück ist wirklich etwas Bemerkenswertes. Praktisch auf der gesamten Tour besteht die Chance, auf eines der Tiere zu treffen – ein Hinweis darauf, dass die Jagd wohl dosiert wird, sonst würde sich das Damwild immer im dichten Unterholz verstecken. Nehmen sie Ihren Hund unbedingt an die Leine; anders haben Sie wenig Chancen, Damwild zu sehen. Natürlich werden diejenigen mehr entdecken, die ohne jegliche Begleitung unterwegs sind und sich sehr ruhig verhalten.

Wir haben bei jeder (!) unserer Touren Damwild gesehen. Diese Dreiergruppe im rechten Bild war nicht weit entfernt von der Bisonstube auf einer Pferdekoppel unterwegs. Obwohl gar nicht so klein, sind die Hirsche (linkes Bild) im hohen Farn gut getarnt. Versuchen Sie mithilfe der Tafel am Ende dieser Tour (Seite 51), dieses Geweih zu benennen.

Gehen Sie diese Tour vom Liggeringer Waldparkplatz aus, schauen Sie immer wieder links und rechts in die Büsche und Farne. Schon dort kann Damwild unterwegs sein.

Wenn Sie die erste Lichtung erreichen, finden Sie dort nicht nur einen Grillplatz, sondern auch, je nach Jahreszeit, viele schöne Blütenpflanzen. Sogar die eine oder andere Orchidee kann dabei sein. In der Nähe des Grillplatzes steht eine Hütte mit Bänken und Tischen, welche zum Picknick einladen. Gegenüber am Waldrand wurden Nistkästen aufgehängt. Nehmen Sie sich die Zeit und beobachten Sie einen der Kästen, ob nicht ein Vogel seine Brut dort aufzieht. Zwischen April und August ist an den Nistkästen fast immer etwas los.

Von links nach rechts: Gamander Ehrenpreis, Bach-Nelkenwurz, Wiesen-Bocksbart.

Später kommt noch eine Lichtung, die ein wenig versteckt liegt. Vom Weg aus haben Sie aber einen guten Einblick. Dort und im angrenzenden Wald sind immer wieder Tiere zu sehen: Feldhase, Damwild und auch einmal ein Reh. Und in den oberen Gefilden der Bäume finden sich viele Vögel, wie Amsel, Buchfink, Kohlmeise, Singdrossel, Schwarzspecht, Buntspecht, Kleiber und über den Wipfeln kreisende Kolkraben.

Je näher Sie dem Bisongehege kommen, desto mehr lohnt es sich, rechts – etwas erhöht – Ausschau zu halten nach den verschiedenen Aussichtspunkten mit Blick auf den Bodensee (siehe Foto Seite 44). Für die Naturfotografinnen und Naturfotografen unter Ihnen gibt es zwei, drei sehr interessante Stellen – teilweise auch mit einer Bank zum Ausruhen.

Links füttert eine Tannenmeise ihre Jungen, rechts macht es ihr der Kleiber nach.

Wenn Sie das Bisongehege erreicht haben: Versuchen Sie einmal, eines der Tiere formatfüllend abzubilden. Es kann aber sein, dass Sie eine ganze Weile warten müssen, bis sich ein Foto lohnt!

Näher dran geht es nicht mehr! Die Bisons lassen sich besonders leicht bei der Fütterung beobachten und fotografieren. Vielleicht sind Sie genau zur richtigen Zeit vor Ort.

Machen Sie unbedingt eine Pause in der Bisonstube und lassen Sie sich vom unkonventionellen Wirt begrüßen, der es am Wochenende regelmäßig musikalisch krachen lässt. Die Anfahrt ist zwar abenteuerlich, passt aber perfekt zum Ambiente. Die rustikale Speisekarte ist klein, aber wir denken, dass dort ein jeder satt werden kann. Der Geheimtipp sind die Bisonwochen im Oktober. Informieren Sie sich aber vor einem Trip dorthin unbedingt auf der Homepage: www.bisonstube-bodenwald.de.

Weiter geht es nun an einigen Feldern vorbei, mit guten Chancen, auf Damwild zu treffen. Im Wald angekommen, gibt es immer wieder schöne Aussichten auf den Bodensee in Richtung Mettnau und Alpen. Bis Sie den Mammutbaum erreichen, geht es durch den Wald. Entscheiden Sie beim Baum, wie fit Sie sich noch fühlen und ob Sie den weiteren Bogen – wieder hin zur Bisonstube – machen möchten. Je länger Sie vor Ort sind, um so eher werden Sie natürlich Interessantes zu sehen bekommen. Ansonsten geht es nun zurück auf den Weg, den Sie zu Beginn gegangen sind, um schließlich wieder den Parkplatz zu erreichen.

Aus dem Leben des Damwildes

Das Damwild (*Dama dama*) besiedelte bis zur letzten Eiszeit weite Bereiche der nördlichen Halbkugel. Die extremen Witterungsverhältnisse trieben diese Tierart aber in den wärmeren Mittelmeerraum. Doch schon die Römer begannen damit, das Damwild nach Mittel- und Nordeuropa wieder zurück zu siedeln. Alle heutigen Vorkommen, auch die am Bodensee, sind vom Menschen gewollte Wiederansiedlungen.

Ein schwarzer und ein klassisch gefärbter Damhirsch Ende Juni. Nur sehr schwer erkennbar sind die mit Bast überzogenen Geweihansätze.

Im linken Bild sind zwei nebeneinanderliegende Brunftkuhlen abgebildet. Sie befanden sich direkt am Wanderweg! Rechts ein Damhirsch auf dem Brunftplatz.

Damwild bevorzugt offene, parkähnliche Landschaften und geht zum Äsen auf Wiesen. Und das am helllichten Tag! Im Gegensatz zu Reh und Rothirsch, welche durch zu starke Bejagung nachtaktiv wurden, ist und blieb das Damwild tagaktiv. Einer der Gründe dafür sind seine Augen. Damwild kann zwar hervorragend sehen, aber nur am Tage. Nachts würde es, wegen der geringen Sehkraft, nur stolpernd durch den Wald wandeln können.

Damwild ist größer als ein Reh, aber kleiner als der Rothirsch. Damwild wirkt gedrungen, die Hirsche wiegen 80 kg und mehr, Weibchen nur etwa die Hälfte. Typisch für diese Wildart ist das gefleckte Fell, so lässt es sich meist von Reh und Rothirsch unterscheiden. Es kommen relativ häufig schwarz gefärbte Tiere vor – und auch Albinos. Wir konnten am Bodanrück einige schwarze Hirsche beobachten und fotografieren.

Ganz in der Nähe der Bisonstube ist das Damwild wenig scheu und lässt sich prima aus dem Auto heraus beobachten. Ende Mai ist bei den Hirschen schon der Ansatz für das spätere Geweih zu erkennen.

Kaum verwunderlich, dass bei diesem Anblick die Weibchen reihenweise schwach werden!

Das Spektakulärste beim Damwild ist sicherlich die Brunft. Sie findet zwischen Mitte Oktober und Mitte November statt – immer am Tage! Doch dazu später mehr. In der Regel lebt das Damwild in Rudeln aus 3 bis 30 Tieren. Diese können sowohl aus alten und jungen Tieren, Weibchen und Männchen oder aber auch nur Männchen bestehen. Alte Hirsche können zu Einzelgängern werden.

Im Frühjahr (ab Mai) beginnen die Männchen mit der Ausbildung ihres Schaufelgeweihes, nachdem sie im April das vorjährige abgeworfen haben. Ein solches Geweih kann bis zu 70 cm lang werden und über 4 kg wiegen! Im August wird dann gefegt, d. h., der Bast, der um das Geweih liegt und dem Wachsen des Geweihs diente, wird entfernt. Für die kommende Brunft wird ordentlich Fett angesetzt, denn in der Fortpflanzungszeit können die Männchen bis zu 20 kg Gewicht verlieren.

Anfang Oktober ist alles gerichtet und die Brunft kann beginnen. Sie findet immer am selben Ort statt. Dazu finden sich die Männchen dort zusammen, scharren Brunftkuhlen, urinieren in diese hinein, markieren sie auch noch mit einer Duftdrüse und setzen sich schließlich dort hinein. Sobald die ersten Weibchen erscheinen, geht es richtig los: Es wird wie wild herumgelaufen und lautes Rülpsen (der Brunftschrei des Damhirsches) schallt durch den Wald. Immer wieder grunzen und rülpsen sich die Männchen an, um den Weibchen ihre Stärke zu demonstrieren. Kämpfe sind selten, dann aber sehr beeindruckend.

Hat nun ein Weibchen entschieden, einer der Kerle sei es Wert, so zeigt es dies an und lässt das Männchen den Begattungsakt vollziehen. So geht es viele Wochen lang, bis alle fortpflanzungsreifen Weibchen an der Reihe waren. Nach ca. 230 Tagen bringt das Weibchen dann im Juni ein Junges (selten zwei) zur Welt, welches vier Monate lang gesäugt wird. Meist begleiten die Jungen die Mutter noch in der kommenden Brunft und lernen dabei aus dem Gesehenen.

Für uns ist das Damwild zu einem unserer Lieblingstiere geworden. Sie sind nicht sehr scheu, sehen toll aus und ihr Familienleben lässt sich beinahe hautnah miterleben. Wir werden sicher noch viele Stunden mit ihnen verbringen!

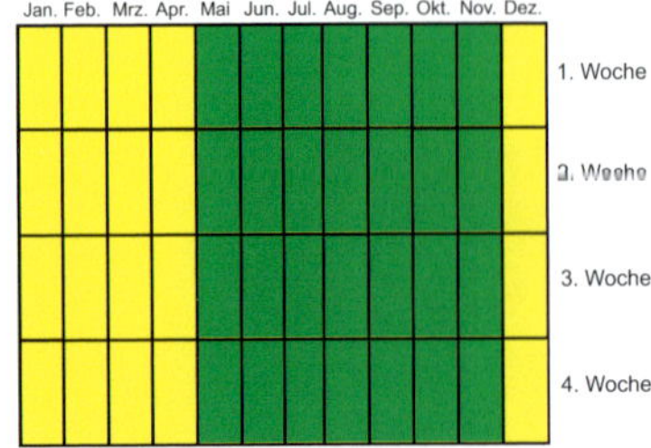

Die Tiere sind zwar das ganze Jahr über vor Ort, doch gibt es Zeiten, an denen sie etwas leichter zu beobachten sind.

Tafel 4: Damwildschaufeln

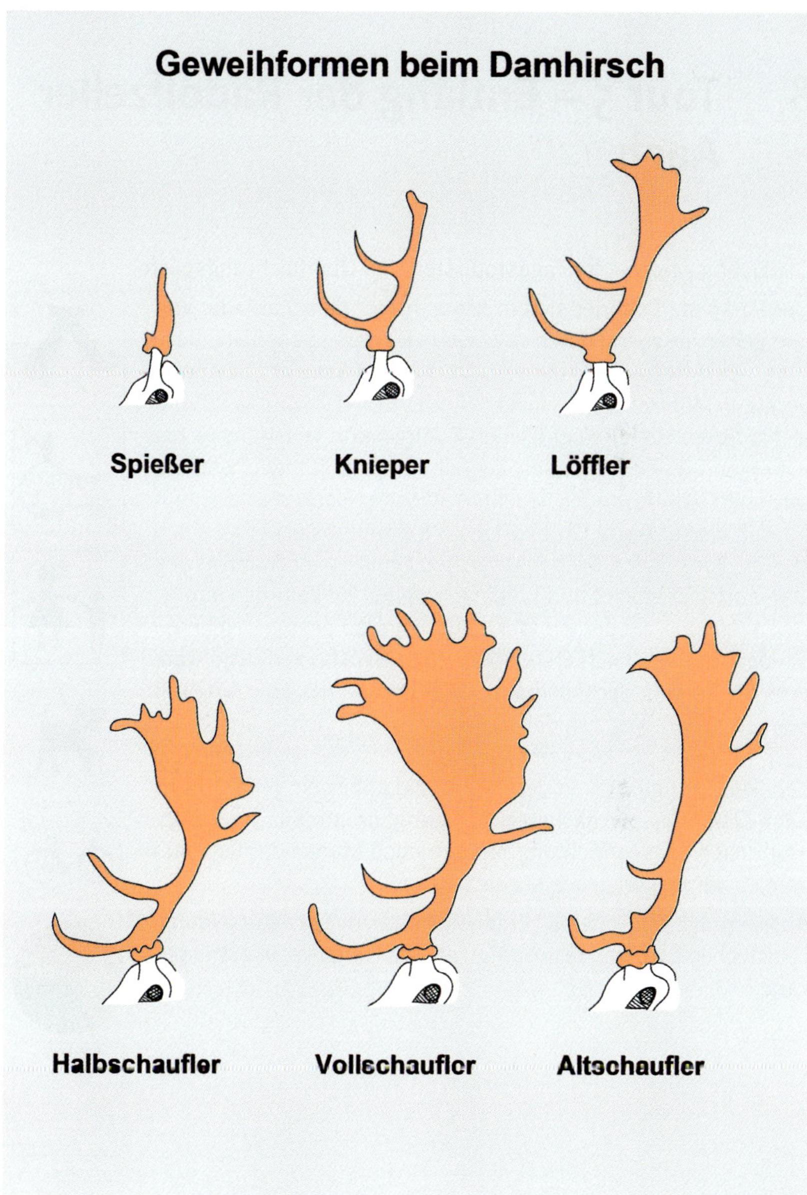

8 Tour 5 – Entlang der Radolfzeller Aach

Ganzjährig geeignet für **Tagestouristen** und **Übernachtungsgäste.**

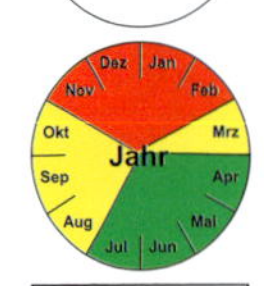

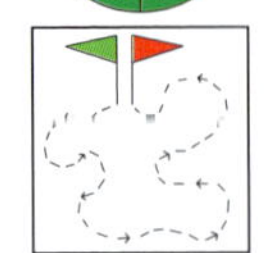

ca. 5 km,
ca. 2–3 h

Der Parkplatz befindet sich in Moos hinter dem Rathaus. Von dort gehen Sie zuerst durch das Dorf in Richtung Süden und Bohlingen-Bankholzen. Hinter dem Dorf folgen Sie einer geteerten Straße (»Mühlestraße«), links befindet sich der Mooswald und rechts Äcker. Hinter einer kleinen Pumpstation gehen Sie rechts auf einen Kiesweg Richtung Ziegelhof und Bohlingen, entlang zwischen Schilfröhricht, feuchten Wiesen, Hecken und einem Auwald bis zur Aach. Dort können Sie einen Abstecher an einen kleinen, künstlichen Teich machen. Jetzt geht es auf dem Kiesweg in Richtung Ziegelhof und Bohlingen weiter. Sie kommen nun an eine Kreuzung, an der ein Obstbaumlehrpfad beginnt. Nehmen Sie den Kiesweg nach Osten (Richtung Bankholzen) und wandern Sie entlang der Obstbaumallee bis zu einer Kreuzung mit dem geteerten Weg (wieder »Mühlestraße«). Gehen Sie zurück nach Moos bis zur zweiten Kreuzung, an der Sie nach rechts auf den »Abteilungsweg« in den Mooswald abbiegen. Jetzt geht es nach Osten bis zur nächsten Kreuzung, an der Sie den »Eichweg« nach links in Richtung Norden nach Moos nehmen. Nun geht es immer geradeaus bis nach Moos.

Ausrüstung: Wasserfeste Schuhen, wetterangepasste Kleidung, Feldstecher, Kamera, Bestimmungsbuch, Getränke und Wanderkarte.

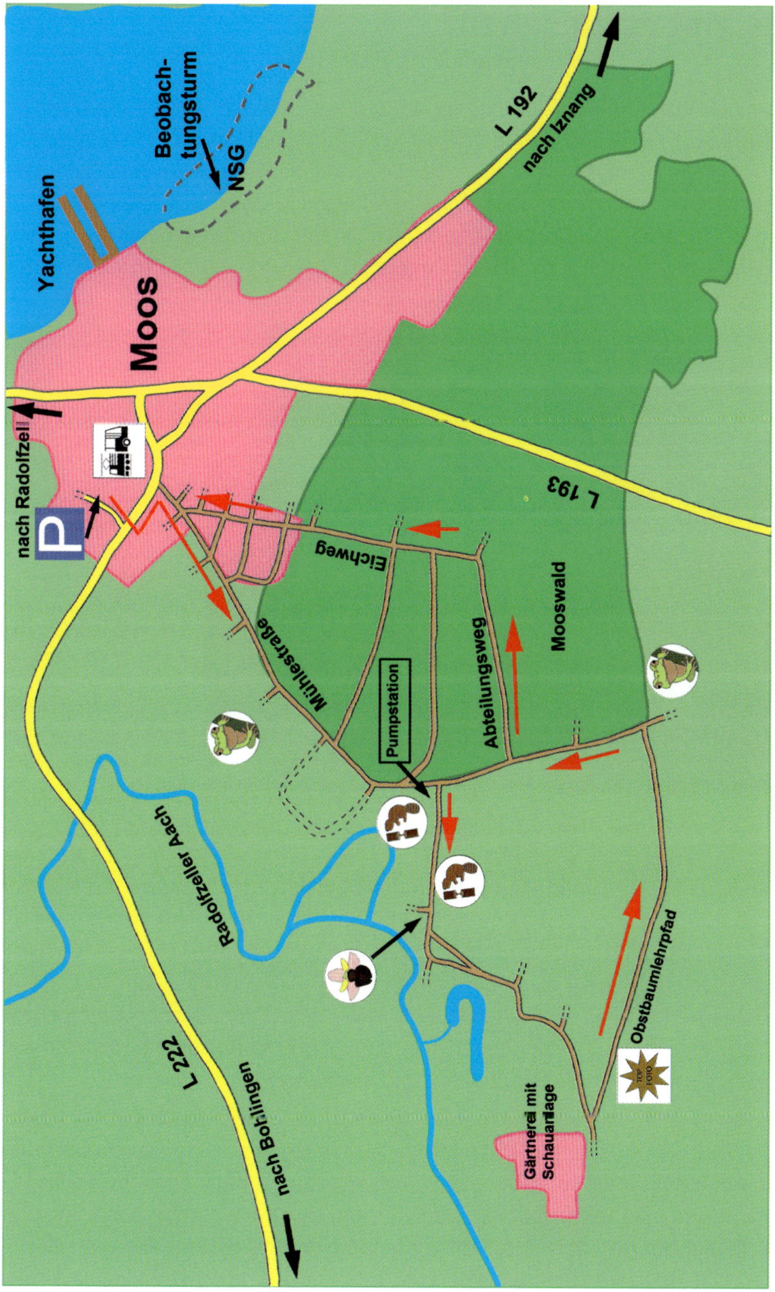

Yachthafen
Beobachtungsturm
NSG
MOOS
L 192
nach Iznang
nach Radolfzell
L 193
Eichweg
Mooswald
Mühlestraße
Abteilungsweg
Pumpstation
Radolfzeller Aach
Obstbaumlehrpfad
L 222
nach Bohlingen
Gärtnerei mit Schauanlage

Das gibt es zu sehen

Die Radolfzeller Aach fließt von der Gemeinde Aach durch Volkertshausen, Hausen an der Aach, Singen, Rielasingen-Worblingen, Bohlingen und Rickelshausen bis zum Bodensee. Dabei passiert sie verschiedene Naturschutzgebiete. Ihr Einzugsgebiet beträgt ca. 260 km². Früher wurde ihr Wasser von verschiedenen Mühlen genutzt, heutzutage von Wasserkraftwerken. Die Radolfzeller Aach wird aus dem Alpenraum und dem oberschwäbischen Raum gespeist, aber auch unterirdisch: Durch ein ca. 19 km langes Höhlensystem kommt ein Teil des Wassers sogar direkt aus der Donau!

Das schilfbewachsene Ufer der Radolfzeller Aach mit den Abbruchkanten bietet dem Eisvogel die Möglichkeit, Bruthöhlen, und dem Biber, seine Baue anzulegen.

Entlang des Flusses finden Sie viele unterschiedliche Lebensräume. Es ist zwar ein stark durch Landwirtschaft geprägtes Gebiet, dennoch sind Feuchtgebiete, ein kleiner Auwald, Tümpel und ein Wäldchen vorhanden. Unsere Tour soll Ihnen auch die Vielfalt an Lebensräumen und Flora zeigen. Sie werden die typischen Vertreter eines Auenwaldes, wie Weiden, Erlen, Eschen und Eichen, beobachten können. Im feuchteren Teil des Gebietes sind seltene Pflanzen wie die Sibirische Schwertlilie (*Iris sibirica*) anzutreffen.

In der Landwirtschaftszone hat der Bund für Umwelt und Naturschutz Deutschland e.V. (BUND, siehe auch Kapitel 13 »A–Z«) einen aus 116 Obstbaumarten bestehenden Baumlehrpfad angelegt. Entlang des ca. 1 km langen Weges finden Sie nicht nur viele Informationen über Birnen- und Apfelsorten, sondern auch über Vogelarten und Insekten wie Wildbienen, deren Lebensraum eng mit denen von Obstbäumen verknüpft ist.

Beim Obstbaumlehrpfad gibt es viele Nisthilfen für Vögel und Wildbienen (links). Entlang der Allee finden Sie seltene Obstsorten, die aus ganze Deutschland zusammengetragen wurden (rechts).

Die Waldwege im Mooswald sind in einem guten Zustand und haben links und rechts Entwässerungskanäle, an und in denen interessante Flora und Fauna vorhanden sind. Ab dem Frühling wächst entlang der Waldwege die Sumpfdotterblume (Caltha palustris).

Die Sibirische Schwertlilie hat in Moos ein kleineres Vorkommen und ist beim Kiesweg Richtung Ziegelhof und Bohlingen auf einer feuchten Wiese zu finden (auf der Karte mit dem Symbol Orchidee gekennzeichnet).

Die Nisthilfen für Wildbienen und Vögel entlang des Obstbaumlehrpfades bieten eine gute Gelegenheit, diese Fauna zu beobachten, aber auch, um Fotos zu machen! Auf dem linken Bild sehen Sie ein Wildbienenhotel, auf dem rechten Bild bewacht ein Feldsperling seinen Nistkasten.

Der Mooswald befindet sich, wie der Name es ja schon vermuten lässt, auf sehr nassem Boden und wird intensiv bewirtschaftet. Die Baumarten sind nicht standorttypisch und haben daher große Probleme, richtig anzuwachsen oder gar zu überleben. In diesem feuchten Wald trifft man »Feuchteanzeiger« wie die Sumpfdotterblume (*Caltha palustris*) und die Schlüsselblume (*Primula* sp.).

Aus dem Leben des Laubfroschs

Eine kleine Sensation im Gebiet der Radolfzeller Aach und den umliegenden Äckern und Feldern ist das Vorkommen des Laubfroschs (*Hyla arborea*). Dieser Froschlurch ist in Europa leider sehr selten geworden. In Deutschland und in der Schweiz gilt er als gefährdet.

Passen Sie besonders an lauen Abenden im Mai und Juni auf, dann werden Sie die sehr lauten Rufe dieser kleinen Amphibienart hören können.

Der Laubfrosch ist mit keiner anderen Amphibienart zu verwechseln. Er ist zwischen 3 und 6 cm groß, meist grün gefärbt und hat einen braunen Streifen, der von der Nase über das Auge und das Trommelfell bis hin zu den Hüften verläuft.

In Pfützen, wie hier in der Mitte eines Maisfeldes bei Moos, findet die Paarung der Laubfrösche statt. Es wird direkt in die Pfützen abgelaicht. Haben Sie die Rufe der Laubfrösche erst einmal genau geortet, können Sie mit etwas Suchen und Glück einen Frosch entdecken. Über den mit Luft gefüllten Kehlsack kann sich die Schallenergie gut ausbreiten, auf diese Weise kann der Frosch sehr laut und sehr lange rufen.

Im linken Bild haben wir Laubfrösche bei der Paarung in einer Pfütze erwischt. Im rechten Bild ist ein Laubfrosch auf dem Weg in sein Sommerquartier in eine Hecke. Laubfrösche haben Saugnäpfe an den Zehen, womit sie sehr gut auf Gräsern und Blättern klettern können. Während eines Sonnenbades können die Frösche je nach Temperatur auch noch ihre Hautfarbe anpassen. Je kälter es ist, desto dunkler wird ihre Haut. Damit können sie die geringste Wärmestrahlung noch nutzen.

An den Zehenspitzen hat er Saugnäpfe. Charakteristisch für die Männchen ist ihr orange gefärbter Kehlsack, wohingegen die Kehlhaut der Weibchen weiß gefärbt ist.

Der Laubfrosch ist äußerst mobil und in der Lage, in kurzer Zeit mehrere Kilometer weit zu wandern. So kann er schnell geeignete Lebensräume neu besiedeln.

Sind die Frösche mit zwei Jahren geschlechtsreif geworden, kann es sein, dass sie sich nur einmal verpaaren, obwohl sie bis zu sieben Jahre alt werden können. Ab Mai rufen die Männchen in der Nähe der Laichgewässer, damit die Weibchen wissen, wo sie einen geeigneten Partner finden können. Nach der Paarung werden vom Weibchen kleine Laichballen mit 4 bis 10 Eiern in der Vegetation am Rand einer Pfütze oder eines Teiches versteckt abgelegt. Jedes Weibchen legt max. 80 Eier. Nach der Laichzeit wandern die Frösche teilweise mehrere Kilometer und verbringen den Restsommer – um Schutz vor Feinden zu haben – in Hecken oder Gebüschen. Es sollte allerdings ausreichend Nahrung vorhanden sein. Im Winter verstecken sie sich in Moos, Mäuselöchern und unter Steinen. Als wechselwarmes Tier reguliert der Laubfrosch seine Körpertemperatur, indem er bei zu heißem Wetter in den Schatten geht und, wenn es kühler ist, sich auf einem Blatt sonnt. Als Schutzmaßnahme für die Erhaltung der Art wäre es nötig, temporäre Teiche oder Pfützen anzulegen, denn diese sind als Laichgebiet und für die Entwicklung der Kaulquappen überlebenswichtig. Solche Lebensräume sind wegen der intensiven Landwirtschaft leider sehr selten geworden.

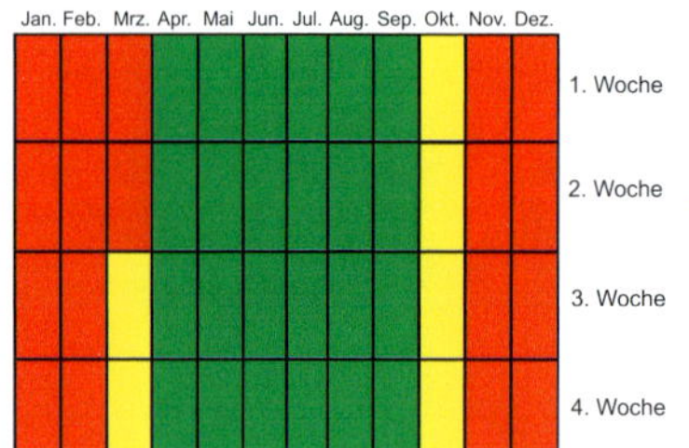

Um Laubfrösche zu entdecken, sind warme Abende und auch Tage im Mai und Juni optimal geeignet.

Welche Tiere gibt es noch?

Sie können viele Vogel- und Säugetierarten entlang der Aach entdecken. Wir beobachteten regelmäßig Rotfüchse, Rehe, Feldhasen, Igel und Biber. Auch Spuren von Wildschweinen und Bisamratten haben wir immer wieder gefunden.

Die Vogelwelt ist sehr artenreich, weil es so viele verschiedene Lebensräume gibt. Wir konnten folgende Vogelarten bei ihrem Brutgeschäft (!) beobachten: Grauschnäpper, Feldsperling, Kohlmeise, Star, Amsel, Singdrossel, Rabenkrähe, Ringeltaube, Hohltaube, Buntspecht, Schwarzspecht, Kleiber, Höckerschwan, Blässhuhn, Eisvogel und Mäusebussard. Im Dorf Moos brüten Mehlschwalbe, Rauchschwalbe und Hausrotschwanz. Regelmäßig beobachten konnten wir

Weil der Biber im Mooswald und in der näheren Umgebung einen optimalen Lebensraum gefunden hat und sich fleißig vermehrt, besteht wegen der damit verbundenen Bautätigkeit sogar eine Gefahr für Autofahrer: Sie müssen deswegen vor umstürzenden Bäumen gewarnt werden!

Alte Bäume sind für sehr viele Vögel ein sehr wichtiger Brutplatz. Hier baut ein Buntspechtmännchen an seiner Behausung.

folgende Arten: Blaumeise, Buchfink, Dorngrasmücke, Feldschwirl, Fitis, Goldammer, Mönchsgrasmücke, Nachtigall, Rotkehlchen, Sommer- und Wintergoldhähnchen, Wacholderdrossel, Zaunkönig, Zilpzalp, Tannenmeise, Stieglitz, Eichelhäher, Grünspecht, Wendehals, Kuckuck, Fasan, Weißstorch, Graureiher, Graugans, Nilgans, Schnatterente, Stockente, Haubentaucher, Zwergtaucher, Kormoran, Rotmilan, Schwarzmilan und Turmfalke. Seltene Gäste waren der Kiebitz, der Brachvogel, der Bienenfresser und der Wanderfalke.

Der Fuchs (links) ließ sich während seiner Siesta nicht groß stören! Igel (rechts) sind zwar eher nachtaktiv, aber auch tagsüber manchmal anzutreffen.

Im Mooswald, in dafür geeigneten Baumhöhlen (meist vom Schwarzspecht gezimmert), brütet die schöne Hohltaube (links). Der freche Star (rechts) besetzt gerne auch schon von anderen Vögeln belegte Höhlen. Dazu schmeißt er kurzerhand die Bewohner hinaus und verteidigt anschließend sehr aggressiv die eroberte Höhle.

Tafel 5: Kot

9 Tour 6 – Buschwindröschentour

Ganzjährig geeignet für **Tagestouristen** und **Übernachtungsgäste.**

Sie finden an der Hauptstraße am Stadtrand von Kreuzlingen Richtung Lengwil einen Parkplatz und die Bushaltestelle Kreuzlingen-Möösliweg. Die Busse fahren direkt vom Bahnhof Kreuzlingen zum Bahnhof Lengwil. Vom Parkplatz aus gehen Sie in den Wald, genannt Möösli. Gehen Sie bis zur Bahnlinie und wenden Sie sich dann rechts Richtung Norden. Folgen Sie dem Weg bis zum Waldrand. Dort gehen Sie links über die Bahngleise und biegen Sie sofort links in den Wald ab. Gehen Sie bis an den Geissbärgerbach und dann weiter Richtung Süden. Sie kommen nun an eine Kreuzung vor einer Lichtung mit einem Flachmoor, einem Naturschutzgebiet von nationaler Bedeutung. Sie laufen entlang des Flachmoores, eines kleinen Sees (dem Neuweiher) bis hin zum Pfaffeweiher. Dort gibt es einen Picknickplatz mit Bänken und Feuerstellen. Weiter geht es bis an den Grossweiher. Dort halten Sie sich rechts auf dem Damm zwischen dem Pfaffeweiher und dem Grossweiher. Am Ende des Dammes kommen rechts Kasematten (Bunker), ein Erbe des Zweiten Weltkrieges und des Kalten Krieges. Dort wandern Sie nun links durch den Wald, entlang des Grossweihers, bis links eine Naturschutzhütte auftaucht. Folgen Sie dem Weg mit einem Lehrpfad über das Schutzgebiet mit der Ringelnatter als Leittier. An der Kreuzung beim Damm angekommen, gehen Sie rechts und folgen Sie dem Waldrand. Dann geht es wieder über die Gleise. An der nächsten Kreuzung (dort gibt es eine Bank) biegen Sie links in den Wald ab und Sie kommen wieder zum Parkplatz.

Ausrüstung: Wanderschuhe, wetterangepasste Kleidung, Feldstecher, Bestimmungsbücher und Kamera.

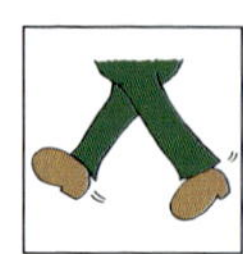

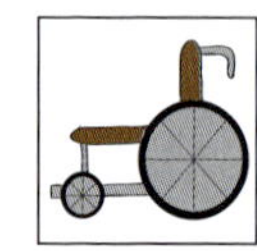

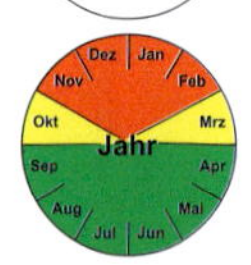

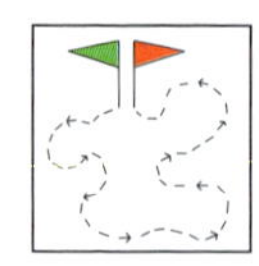

Strecke:
ca. 4 km,
ca. 2–3 h
bei 264 m
Höhenunterschied

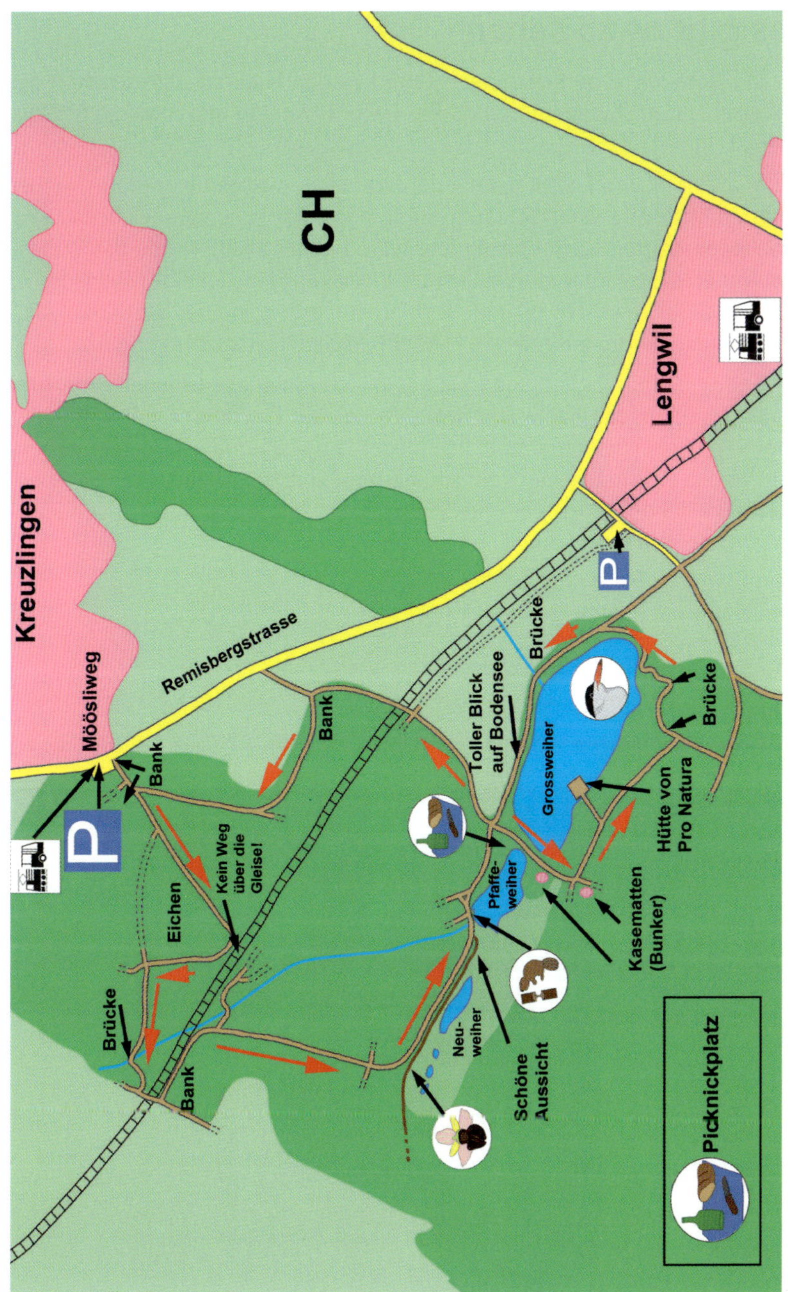
CH
Kreuzlingen
Lengwil
Remisbergstrasse
Möösliweg
P
P
Bank
Bank
Bank
Eichen
Kein Weg über die Gleise!
Brücke
Toller Blick auf Bodensee
Brücke
Brücke
Grossweiher
Pfaffe-weiher
Neu-weiher
Schöne Aussicht
Kasematten (Bunker)
Hütte von Pro Natura
Picknickplatz

Das gibt es zu sehen

Das Gebiet südlich von Kreuzlingen gehört zu den Naturschutzreservaten der Schweizer Naturschutzorganisation Pro Natura Thurgau und ist deren größtes Reservat.

Am Ende der letzten Eiszeit entstanden dort zwei Weiher. Ein weiterer Weiher wurde im Mittelalter künstlich aufgestaut, damit Mönche von Reichenau und Kreuzlingen Karpfen züchten konnten. Während des 15. Jh. wurde das Wasser zum Antrieb einer Mühle genutzt. Im 20. Jh. gab es Pläne für eine Mülldeponie, was zum Glück in letzter Sekunde verhindert werden konnte. Jetzt, im 21. Jh., liegt die Verantwortung für die Weiher beim lokalen Naturschutzverein.

Das Gebiet ist mannigfaltig und bietet viele verschiedene Lebensräume: drei Weiher, verschiedene Bäche, kleinere Tümpel, ein Flachmoor von nationaler Bedeutung, Feuchtwiesen und Wälder. Jeder Lebensraum für sich genommen, bietet bereits ein breites Spektrum an Pflanzen- und Tierarten. Achten Sie ebenfalls auf die Schönheit der verschiedenen Lebensräume und der dortigen Stimmungen, die sehr unterschiedlich sein können.

Im Frühling ist die Stimmung im Wald besonders eindrücklich – wie hier durch das zarte Grün des Buchenlaubes.

Vor allem im Frühling lohnt sich ein Besuch. In den Wäldern tragen die Bäume einen zartgrünen Mantel aus frischen Blättern und am Boden blühen Tausende von Buschwindröschen (*Anemone nemorosa*). Neben den weißblütigen Windröschen blühen Lerchensporn (*Corydalis cava*), Lungenkraut (*Pulmonaria officinalis*), Scharbockskraut (*Ficaria verna*) und Schlüsselblume (*Primula elatior*).

Ein immer wieder lohnenswertes Fotomotiv sind die Buschwindröschen. Sie wachsen meist recht großflächig in Waldnähe.

Der Grossweiher ist besonders am frühen Morgen bei Nebel oder mit den Farben eines prächtigen Sonnenaufganges beeindruckend. Im Hintergrund können Sie den Turm der evangelischen Kirche Oberhofen sehen.

Die Bienen-Ragwurz und die Sumpf-Ständelwurz sind hier heimisch.

Im Mai blühen in den feuchten Regionen Sumpf-Schwertlilien (*Iris pseudacorus*) und Orchideen wie die Bienen-Ragwurz (*Ophrys apifera*), die Sumpf-Ständelwurz (*Weiße Sumpfwurz, Epipactis palustris*) und das Fleischfarbene Knabenkraut (*Dactylorhiza incarnata*). Sehr gut zu beobachten sind die weißen Wollkugeln des Breitblättrigen Wollgrases (*Eriophorum latifolium*).

Für bessere Makroaufnahmen empfehlen wir Ihnen, eine Aufhellfolie zu benutzen. Sie sind silberfarben und goldfarben zu erhalten. Für ihren Einsatz braucht es manchmal die Hilfe einer zweiten Person, aber auch ein Versuch alleine kann sich auszahlen. Die Silberfolie erzeugt eher ein kühles Licht. Mit Alufolie bekommen Sie übrigens einen ganz ähnlichen Effekt. Die Goldfolie erzeugt dagegen ein schönes warmes Licht.

Im Herbst finden Sie neben zahlreichen Pilzarten auch viele Früchte von Sträuchern wie dem Pfaffenhütchen (*Euonymus europaeus*) oder dem schwarzen Holunder (*Sambucus nigra*).

Im Herbst wachsen sehr schöne Pilze und manchmal, wie hier auf dem Foto gezeigt, in spektakulären Formationen (Armillaria sp).

Welche Tiere gibt es noch?

Die drei Weiher sind optimale Lebensräume für Wasservögel wie Blässhuhn, Kolbenente, Höckerschwan, Schnatterente, Reiherente, Stockente und Haubentaucher. In den Lengwiler Wäldern brüten sehr viele Singvögel und schon ab Ende März lohnt es sich – der Vogelgesänge wegen –, dort hinzugehen.

Säugetiere sind tagsüber nicht leicht zu beobachten, weil sie sehr scheu sind und sich meist versteckt halten. Sie kommen erst dann aus ihrer Deckung, wenn sie sich vollkommen sicher fühlen. Suchen Sie mit dem Feldstecher immer wieder die Waldränder und Lichtungen ab. Vielleicht entdecken Sie ein scheues Reh oder mit etwas Glück sogar ein Wildschwein. Seien Sie immer aufmerksam, wenn Sie am Weiher entlanggehen, denn seit einigen Jahren ist der Biber in Lengwil heimisch. Entweder finden Sie seine Spuren oder, mit viel Geduld, entdecken Sie ihn im Wasser. In den feuchten Gebieten können Sie Insekten aufspüren. Libellen sind, zum Beispiel die Vertreter der Gattung der Azurjungfern (Coenagrion), leicht zu entdecken, weil sie sehr häufig sind.

Lengwil ist für seine große Ringelnatterpopulation bekannt. Aber auch für die Blindschleiche (Anguis fragilis) sind geeignete Biotope vorhanden.

Wegen ihrer Häufigkeit sind Azurjungfern sowohl für angehende, als auch für gestandene Naturfotografen ein dankbares Motiv. Diese hier ist gerade erst geschlüpft und trägt daher noch nicht die typisch blaue Färbung dieser Gattung.

Rund 30 verschiedene Libellenarten sind nachgewiesen worden! Im Frühjahr bis in den Hochsommer hinein lassen sich in den Feuchtgebieten und Weihern viele Amphibienarten beobachten. Dank der Vielfalt an Gewässern sind acht Amphibienarten vertreten: der Bergmolch, der Fadenmolch, der Teichmolch, der Kammmolch, die Erdkröte, der Grasfrosch, der Wasserfrosch und der Laubfrosch. Seit 2001 ist das Gebiet daher in der Schweiz ein Amphibienlaichgebiet von nationaler Bedeutung.

In den Wäldern haben wir Buntspecht, Schwarzspecht und Grünspecht beobachtet. Der Mittelspecht ist ebenfalls Brutvogel in diesem Gebiet. Hier sitzt ein Buntspecht vor seiner Bruthöhle.

Der Biber ist in Lengwil sehr fleißig, hier hat er sich einen falschen Baum ausgesucht – der gehört ja eigentlich zum Lehrpfad!

Aus dem Leben der Flussseeschwalbe

Die Flussseeschwalbe ist der Lachmöwe (*Larus ridibundus*) sehr ähnlich, es braucht ein wenig Übung, sie voneinander zu unterscheiden. Die Lachmöwe hat im Prachtkleid einen schwarz gefärbten Kopf, bei der Flussseeschwalbe sind nur der Scheitel und der Nacken schwarz. Die Lachmöwe hat einen eher breiten, stumpfen und dunkelrot gefärbten Schnabel. Der Schnabel der Flussseeschwalbe dagegen ist leicht gebogen, spitz, dünn und rot und an der Spitze schwarz eingefärbt. Im Flug jedoch sind die Vögel kaum zu verwechseln: Die Lachmöwe hat die typische Möwenform mit einem kurzen, stumpfen Schwanz, mit einem schwarzen Strich auf der Oberseite. Das Flugbild der Flussseeschwalbe erinnert, vor allem wegen der Gabelung des weißgefärbten Schwanzes, sehr an eine Rauchschwalbe.

In freier Natur brütet die Seeschwalbe auf Kiesflächen in einer kleinen Mulde, die sie mit wenig Material aus der näheren Umgebung auspolstert. Zwischen April und Anfang Juli legt sie bis zu vier grüne bis bräunliche Eier mit dunklen Flecken.

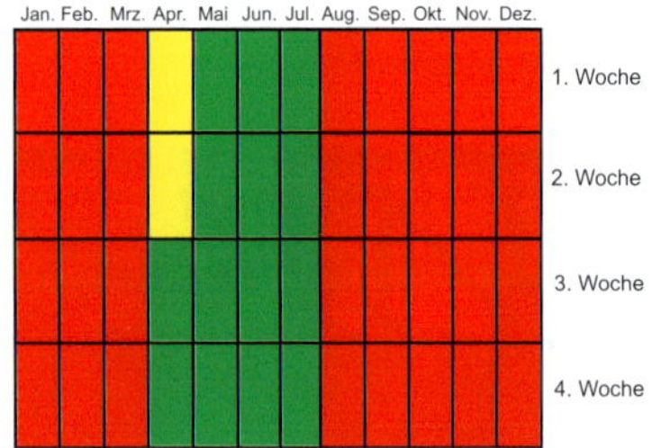

Flussseeschwalben (Sterna hirundo) sind nicht das ganze Jahr über anwesend. Dafür gibt es zur Brutzeit die Garantie, sie sehen und fotografieren zu können.

Die Flussseeschwalbe ist entlang an Flüssen, an Seen, Teichen, auf Inseln und im Wattenmeer zu Hause. Doch findet sie heutzutage nur noch wenige geeignete Standorte für ihre Brut. In der Schweiz werden seit einigen Jahren künstliche Brutinseln angelegt. In Lengwil geschieht dies durch die lokale Naturschutzorganisation. Brutflöße werden für Flussseeschwalben und Lachmöwen angelegt (siehe Seite 19). Flussseeschwalbenkolonien bestehen aus sehr vielen Brutpaaren und es herrscht ein unglaublicher Lärm. Die Vögel sind sehr empfindlich gegenüber Störungen durch Menschen und benötigen Abgeschiedenheit zur Aufzucht ihrer Jungen!

Tafel 6: Flussseeschwalbe

Eine erwachsene Flussseschwalbe

Ein erst wenige Tage altes Küken

Es ist ordentlich was los auf so einer Brutinsel: überall liegen Eier herum, Küken warten auf ihr Futter und einige Flussseeschwalben sind am Brüten.

Nach dem Schlüpfen werden die Küken mit winzigen Fischchen gefüttert.

10 Tour 7 – Bibertour

Ganzjährig geeignet für **Tagestouristen** und **Übernachtungsgäste**.

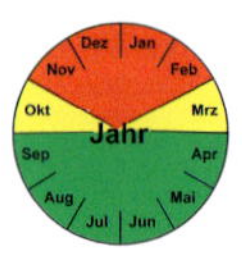

ca. 10 km, ca. 3 h, 50 m Höhenunterschied

Die drei Seen der Bibertour liegen im Seebachtal zwischen der Zürcher Kantonsgrenze und dem thurgauischen Dorf Hüttwilen. Start ist beim Parkplatz an der Hauptstraße zwischen Uerschhausen und Buch bei Frauenfeld. Das öffentliche Verkehrsnetz ist nicht optimal. Es gibt zwar Bushaltestellen in Buch (TG), Nussbaumen (TG) und Hüttwilen-Stutheien, aber diese sind weit entfernt vom Gebiet. Zuerst gehen Sie einen Kiesweg, den Hasesee rechts liegen lassend, an Äckern, Hecken und Brachen entlang. An der T-Kreuzung geht es dann nach Westen in Richtung Nussbaumer See (auch Nussbommer See genannt). Beim Parkplatz gehen Sie, nördlich vom Nussbaumer See beginnend, rund um den See. Am Ende des Rundganges um den Nussbaumer See kommen Sie wieder zurück auf die Hauptstraße. Jetzt geht es nördlich einen kleinen Pfad Richtung Osten. Anschließend kommt ein Kiesweg, der Sie entlang des Hüttwiler Sees bis zu einem Strandbad mit einem Kiosk, WCs und Grillstellen führt. Einige hundert Meter nach dem Beobachtungsturm biegen Sie rechts auf einen kleinen Pfad ab, der Sie zuerst über offene Flächen und schließlich zu einem Wald führt. Falls der Pfad zu schlammig sein sollte, können Sie einen Umweg über eine geteerte Straße machen; Rollstuhlfahrern empfehlen wir auf jeden Fall diesen Umweg.

Sollte Ihnen die Tour zu lang sein, parken Sie zwischen den beiden Seen, um beispielsweise nur einen See zu umwandern (Dauer Nussbaumer See: ca. 1,5 h; Dauer Hüttwiler See: ca. 1 h 45 min).

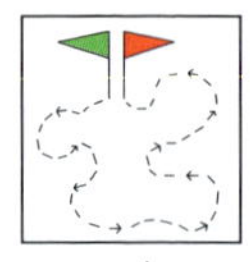

Ausrüstung: Wanderschuhe, wetterangepasste Kleidung, Feldstecher, Kamera, Essen, Getränke, Bestimmungsbücher, Wanderkarte und Badehose.

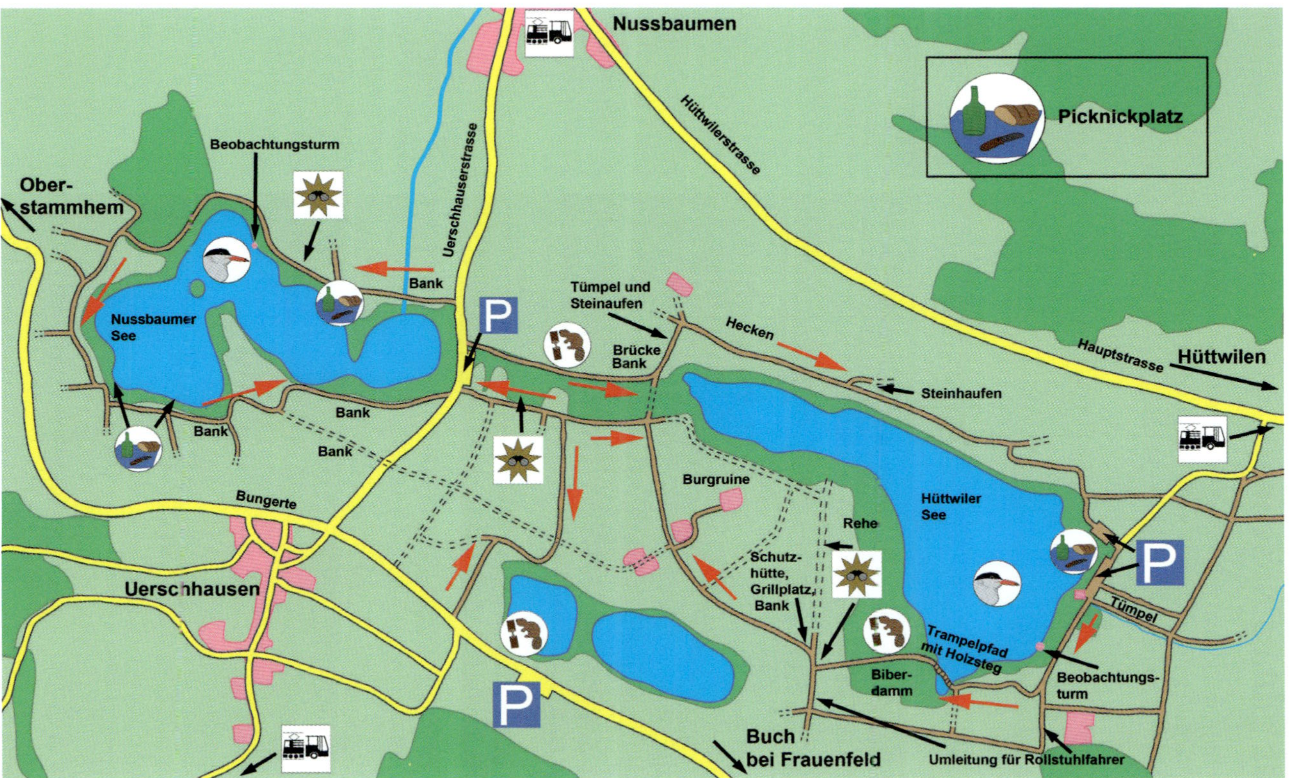
Nussbaumen
Picknickplatz
Hüttwilerstrasse
Beobachtungsturm
Ober-
stammhem
Uerschhauserstrasse
Bank
Nussbaumer
See
Tümpel und
Steinaufen
Hecken
Brücke
Bank
Hauptstrasse
Hüttwilen
Steinhaufen
Bank
Bank
Bank
Burgruine
Bungerte
Hüttwiler
See
Rehe
Schutz-
hütte,
Grillplatz,
Bank
Uerschhausen
Tümpel
Trampelpfad
mit Holzsteg
Biber-
damm
Beobachtungs-
turm
Buch
bei Frauenfeld
Umleitung für Rollstuhlfahrer

Das gibt es zu sehen

Während des Zweiten Weltkrieges wurde der Wasserspiegel der drei Seen im Seebachtal abgesenkt, um mehr Ackerland zu erhalten. Heute sind sie renaturiert und stehen unter Schutz. Es wurden Feuchtwiesen geschaffen, Hecken und Alleebäume gepflanzt, Bohlenwege angelegt, Tümpel für Amphibien und Limikolen ausgebaggert und Blumenwiesen ausgesät.

Nördlich der Seen, am Südhang, finden Sie Weinberge. Und im Frühjahr leuchten gelbe Rapsfelder.

Der Hasesee ist zweigeteilt, er ist der kleinste Weiher des Gebietes.

Sowohl am Nussbaumer See als auch am Hüttwiler See sind die Brutinseln, speziell für Flussseeschwalben, einzigartig. Von den zwei Beobachtungstürmen aus können Sie das Brutverhalten der Vögel sehr gut beobachten und sogar fotografieren.

Entlang der Wanderwege finden Sie immer wieder Bänke, sodass Sie gut pausieren und in Ruhe die Natur beobachten können. Picknickplätze und Feuerstellen stehen ebenfalls ausreichend zur Verfügung. An vier Standorten können Sie sogar baden gehen.

Der Wanderweg ist gut ausgeschildert und den Besucherinnen und Besuchern stehen viele Einrichtungen wie Holzstege oder Beobachtungstürme zur Verfügung.

Der Feldhase ist recht häufig. Doch als sehr scheues Tier ist er eher auf der Flucht zu beobachten (links), aber Sie können auch Glück haben und ihn ganz entspannt auf dem Acker sitzend fotografieren (rechts).

Aus dem Leben des Europäischen Bibers

Der Europäische Biber (*Castor fiber*) ist das größte Nagetier Europas; er ist mit dem Amerikanischen Biber (*Castor canadensis*) verwandt. Als Nagetier hat der Biber lange, ständig nachwachsende Schneidezähne. Diese Schneidezähne sind ein Wunder der Natur: ein Werkzeug, um Holz zu benagen. Die Vorderseite der Zähne ist zusätzlich mit dem Mineralstoff Eisen und Eisenverbindungen verstärkt. Das macht diese Schichten viel härter, sodass sie sich langsamer abnutzen als die Hinterseite der Zähne, wo diese Eisenverbindungen fehlen. Diese unterschiedliche Abnutzung führt zu einer Abschrägung – die Zähne werden scharf. Biber können Äste schneiden und sogar sehr große Bäume fällen. Das Holz selbst frisst der Biber nicht, sondern die Rinde, die Knospen und die Blätter. Als Pflanzenfresser kann der Biber seine Nahrung aus 150 verschiedenen Pflanzenarten und mehr als 60 Baumarten auswählen. Er sucht seine Nahrung der Jahreszeit angepasst aus. Vom Frühling bis in den Herbst hinein frisst er eher Kräuter und ab dem Herbst eher Rinde und Blätter. Im Herbst können Sie oft die vom Biber verursachten Schäden in den Mais- oder Zuckerrübenfeldern beobachten.

In Deutschland lebt der Biber beinahe wieder überall. Auch in der Schweiz kehrt er seit Mitte des 20. Jh. mehr und mehr zurück. Nicht nur im Seebachtal, auch im Wollmatinger Ried, am Mindelsee, in Moos und in Lengwil können Sie Biber beobachten. Allerdings ist der Biber vor allem dämmerungs- und nachtaktiv.

Ein Biber bei seinem Abendspaziergang am Ufer des Hasesees.

In Europa fällt der Biber Bäume vor allem zur Nahrungsaufnahme (rechts), seltener um Dämme anzulegen. Er gräbt die Höhlen für seinen Nachwuchs in die Böschungen der Gewässer so, dass die Öffnungen dieser Höhlen immer unter Wasser sind. Ist der Wasserspiegel aber nicht hoch genug, legt er zusätzlich einen Staudamm an, wie hier am Haseseekanal (links); der Eingang liegt wieder unter Wasser.

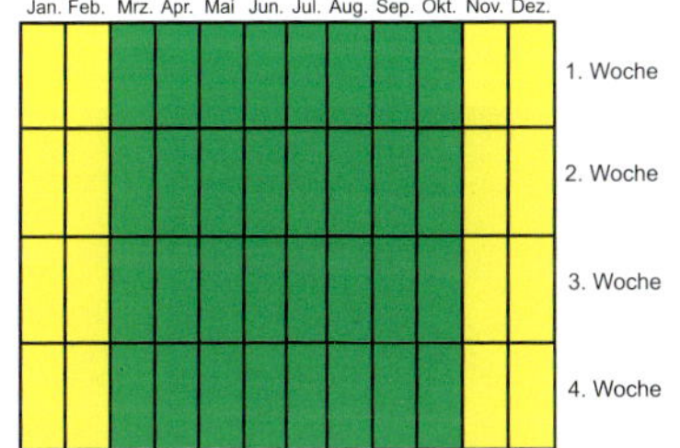

Der Biber ist zwar das ganze Jahr über zu beobachten, aber im Winter ist seine Aktivität doch recht eingeschränkt.

Es ist (k)ein Geheimnis, wie Sie Biber beobachten können: mit viel Geduld! Der Genfer Autor, Künstler und Philosoph ROBERT HAINARD hat einmal geschrieben: »Il faut être patient jusqu'à en fatiguer la chance.« (»Man sollte genug Geduld haben, damit die Chance müde wird.«) Gehen Sie am besten im Herbst, gegen Abend, an einen Weiher und warten Sie, warm angezogen, gemütlich auf einem Kissen sitzend, auf das, was die Natur Ihnen präsentiert. Falls nichts passiert, kommen Sie am nächsten Tag wieder – und vielleicht noch einmal. Irgendwann werden Sie für Ihre Geduld belohnt werden!

Welche Tiere gibt es noch?

Im Seebachtal ergaben die Kontrollen zwischen 1995 und 2008, dass die Populationen von Amphibien, Libellen, Heuschrecken, Tagfaltern und Laufkäfern zunehmen. Bei den Reptilien zeigte sich, dass die Anzahl mit drei Arten stabil geblieben ist. Ringelnatter, Zauneidechse und Blindschleiche. Die Amphibien sind mit acht verschiedenen Arten im Seebachtal vertreten. Unter anderem gibt es Laubfrosch, Gelbbauchunke, Erdkröte und Grasfrosch.

Im Frühjahr wandern in warmen und feuchten Nächten Erdkröten und Grasfrösche zu ihren Laichgewässern. Dabei werden viele Amphibien durch den Autoverkehr getötet. Durch den Einsatz der Naturschutzorganisationen wird das Leben vieler Lurche gerettet, indem sie von Hand über die lebensgefährlichen Straßen gebracht werden. Doch diese Aufgabe ist eine große Herausforderung für die Verbände. Oft fehlen sowohl die finanziellen Mittel, als auch die Arbeitskraft von Freiwilligen. Bitte passen Sie während der Amphibienwanderungen auf und beachten Sie die Straßensperrungen bzw. fahren Sie langsam durch Gebiete, an denen Schilder auf die Wanderungen hinweisen. Unten im Bild ein Grasfroschmännchen auf der Suche nach einem paarungswilligen Weibchen.

Bis zu 55 verschiedene Vogelarten wurden während der Brutsaison im Seebachtal gezählt. Bei den Brutvögeln gibt es auch interessante neue Beobachtungen wie Wasserralle, Kiebitz, Turteltaube, Nachtigall und Gartenrotschwanz. Bei den Säugetieren finden Sie hier die typische Fauna wie im ganzen restlichen Bodenseegebiet. Wir haben regelmäßig Rehe, Feldhasen, Baummarder, Dachse und Rotfüchse beobachten können.

Die Insektenvielfalt auf dieser Tour ist sehr groß. Sie können unter anderem die Sumpf-Heidelibelle, die Frühe Heidelibelle, die Fledermaus-Azurjungfer, den Weißrandigen Grashüpfer, die Gewöhnliche Sichelschrecke, die Sumpfschrecke, den Dunkelbraunen Bläuling und den Malven-Dickkopffalter beobachten.

Sie können auch häufige, nichtsdestotrotz sehr schöne Insekten wie Wanzen (hier eine Carpocoris purpureipennis) und Dickkopffalter finden!

Rehe zu entdecken ist nicht ganz einfach, Spuren dagegen sind deutlich leichter zu finden – werfen Sie daher auch immer ein Auge auf den Boden!

Der Rotfuchs ist leicht zu beobachten.

Tafel 7: Vogelsilhouetten

Weißstorch

Mäusebussard

Schwarzer Milan

Rohrweihe

Kormoran

Turmfalke

Roter Milan

11 Tour 8 – Velotour: mit dem Fahrrad um den Untersee

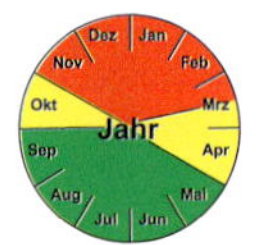

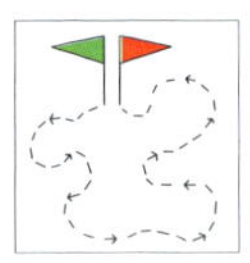

Tagesexkursion, ganzjährig möglich, außer bei Schnee.

Stein am Rhein ist gut mit Bus und Bahn zu erreichen. Autofahrer finden genügend Parkplätze. Erst geht es durch die Stadt Richtung Öhningen (Detailkarte 1), dann nach Gaienhofen (Detailkarte 2), wo Sie nicht die Hauptstraße nehmen, sondern rechts den Weg »Im Bänkle« fahren. Der Fahrradweg führt Sie über Horn nach Moos, wobei Sie auf dem Weg nach Radolfzell durch einige Naturschutzgebiete fahren. An der Schiffsanlegestelle in Radolfzell (Detailkarte 3) können Sie per Schiff auf die Insel Reichenau und von dort weiter nach Mannenbach-Salenstein übersetzen, wo es Restaurants und Picknickplätze gibt. Von Mannenbach aus geht es nach Eschenz (und zur Insel Werd, Detailkarte 1) und von dort zurück nach Stein am Rhein. Eine leicht zu fahrende Radtour (auch für Kinder). Auch ein Fahrradanhänger lässt sich gut mitnehmen.

Die Tour führt Sie beidseitig des Untersees, sowohl in die Schweiz, als auch nach Deutschland: Personalausweis nicht vergessen!

Ausrüstung: Sportschuhe, Fahrradkleidung, Feldstecher, Kamera, Geld (Euro) für die Schifffahrt, Essen und genug zu trinken.

ca. 43 km,
ca. 3 h

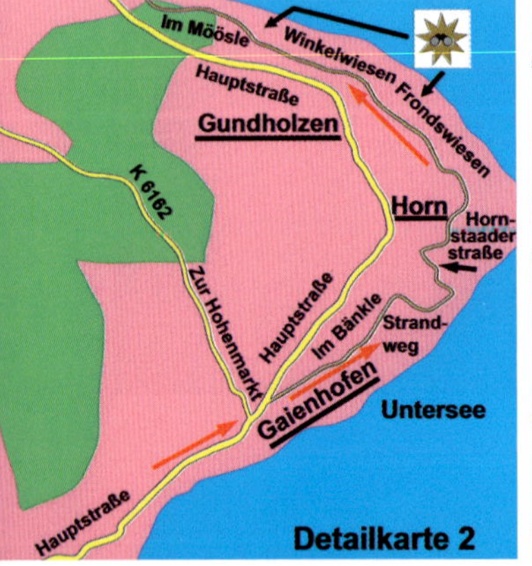

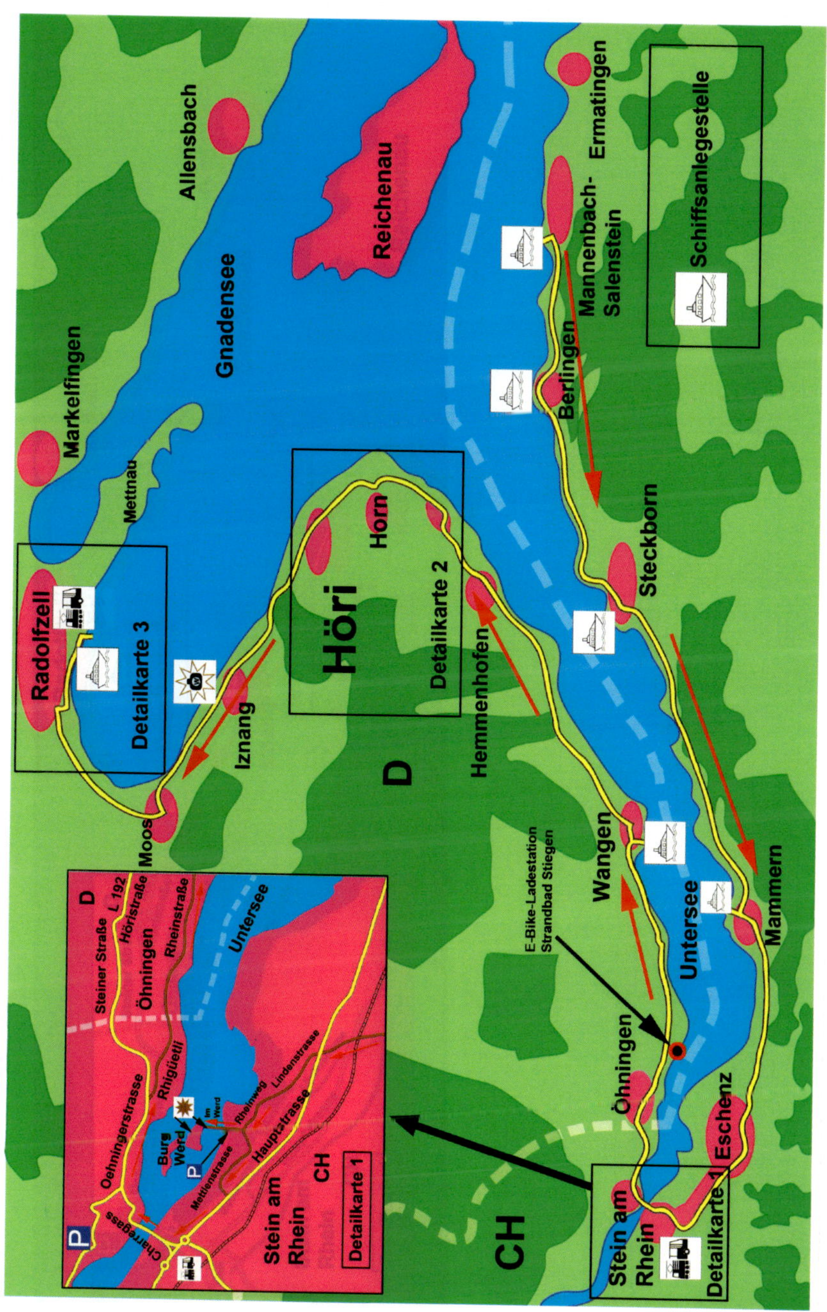
Allensbach
Reichenau
Ermatingen
Mannenbach-Salenstein
Schiffsanlegestelle
Gnadensee
Markelfingen
Mettnau
Berlingen
Radolfzell
Detailkarte 3
Iznang
Höri
Horn
Detailkarte 2
Hemmenhofen
Steckborn
D
Moos
Wangen
E-Bike-Ladestation Strandbad Stiegen
Untersee
Mammern
Öhningen
Eschenz
CH
Stein am Rhein
Detailkarte 1
D
L 192
Steiner Straße
Höristraße
Öhningen
Rheinstraße
Untersee
Oehningerstrasse
Rhigüetli
Burg Werd
Im Werd
Rheinweg
Lindenstrasse
Hauptstrasse
Mettlenstrasse
Charregass
Stein am Rhein
CH
Detailkarte 1

Das gibt es zu sehen

Auf der Halbinsel Höri kommen Sie durch verschiedene Ortschaften: Stiegen, Kattenhorn, Wangen, Hemmenhofen, Horn, Gundholzen und Iznang. Der größte Teil des Seeufers ist Naturschutzgebiet. Es lohnt sich daher, immer wieder Pausen zu machen und die Landschaft mit dem Feldstecher nach Interessantem abzusuchen. Die Halbinsel Höri ist auch als Malerwinkel bekannt. Durch das Licht und die besondere Stimmung des Untersees und des Gnadensees ließen sich viele Schriftsteller, Maler und andere Künstlerinnen und Künstler inspirieren; die berühmtesten, die dort lebten: der Schriftsteller Hermann Hesse, die Fotografin Mia Bernoulli, der Schriftsteller Ludwig Finckh und der Maler Otto Dix. Das Wort »Fotographie« bedeutet »Malen mit Licht«, also lassen auch Sie sich inspirieren und genießen Sie die schönen Farben der Landschaft!

Zwischen Iznang und Moos gibt es ein kleines Naturschutzgebiet. Dort hinter dem Strandbad finden Sie auch einen Beobachtungsturm mit Sicht über den Bodensee nach Radolfzell und Markelfingen. In Moos brüten viele Mehlschwalben. Versuchen Sie, die Nester unter den Dächern zu finden, und schauen Sie einen Moment lang den waghalsigen Flugkapriolen zu!

Folgen Sie in Deutschland immer den grünen Hinweisschildern für Fahrräder. Es gibt sogar Ladestationen für Elektrofahrräder wie hier am Strandbad in Stiegen.

Zwischen Moos und Radolfzell gibt es ein großes Naturschutzgebiet entlang der Radolfzeller Aach (siehe Tour 5, Seite 54).

Weiter Richtung Radolfzell fahren Sie nun durch ein Schilfgebiet, in dem Sie vielleicht nicht viele Tiere entdecken werden. Doch das dichte Schilf ist ein wertvoller Lebensraum für viele Tierarten und bietet den darin lebenden Tieren durch die »Undurchdringbarkeit« (vgl. Seite 14) einen sehr guten Schutz vor Feinden. Zudem sind Vogelarten, wie die Rohrammer, die Rohrweihe und einige Rohrsängerarten, auf diesen Lebensraum spezialisiert – von »Röhricht« (bestehend aus hoch wachsenden, schilfartigen Pflanzen) kommt auch das »Rohr« in deren Namen. Ohne Schilf können diese Spezialisten nicht überleben (siehe Kapitel 13 »Geschichte«, Seite 116 f.). In Radolfzell angekommen, geht es auf ein Schiff Richtung Reichenau.

Die Schifffahrt bietet viele Gelegenheiten zum Fotografieren! Links: Die Aussicht in Richtung Radolfzell. Rechts: Der Frühling ist die geeignete Jahreszeit, um blühende Obstbäume abzulichten!

Die Insel Reichenau ist eine bedeutende Etappe auf der Velotour. Die gesamte Insel wurde im Jahr 2000 von der UNESCO zum Weltkulturerbe erklärt. Etwas profaner: Reichenau ist auch für den Anbau von Gemüse sehr bekannt. Wegen des milden Klimas sind bis zu drei Ernten pro Jahr möglich! Etwa 160 Hektar werden landwirtschaftlich genutzt und es gibt vier Nahrungsmittel, die durch die EU mit dem Zusatz »von der Insel Reichenau« besonders geschützt sind: Tomaten, Salat, Feldsalat und Gurken. Neben dem Gemüseanbau ist Tourismus die zweite Haupteinnahmequelle der dort lebenden Menschen.

Im Frühling lohnt sich auch wegen der liebevoll gestalteten Gärten ein Besuch auf der Insel Reichenau. Die Gemüsefelder auf Reichenau oder zwischen Iznang und Moos dienen ganz gut auch als fotografische Spielplätze. Testen Sie doch einmal spannende und innovative Bildgestaltungen aus – ohne, dass das Motiv weglaufen kann.

Links: Zur Insel Werd kommen Sie über eine Holzbrücke. Unten: Auf der Insel gibt es eine kleine, aber schöne Parkanlage, von der Sie ebenfalls eine schöne Aussicht Richtung Stein am Rhein und Hohenklingen haben.

Vom Hafen Mannenbach-Salenstein aus fahren Sie jetzt auf der Schweizer Seite weiter bis nach Stein am Rhein. Hinter Berlingen kommt der größte Ort am Untersee: Steckborn. Eine Stadt mit vielen Fachwerkhäusern, einer kleinen, gut erhaltenen Altstadt und einer sehr schönen Seepromenade. Am Ende des Untersees befinden sich Eschenz und die sehenswerte Insel Werd mit einem Franziskanerkloster und einem kleinen Schilfgebiet. Von der Holzbrücke aus können Sie sommers wie winters verschiedene Wasservögel beobachten. Von dort gibt es zudem einen schönen Blick Richtung Stein am Rhein und Hohenklingen. Stein am Rhein liegt auf der anderen Rheinseite und wartet mit der schönsten Altstadt der ganzen Schweiz auf! Die Architektur der Riegelhäuser (Fachwerkhäuser) ist beeindruckend und die Hausfassaden sind prächtig bemalt. Darum lohnt es sich, einen kleinen Abstecher in die Altstadt zu unternehmen. Die Burg Hohenklingen wurde am Hang des Schiener Berges erbaut.

Die Seepromenade in Steckborn bietet den Romantikern schöne Fotomotive und tolle Stimmungen.

Aus dem Leben des Blässhuhns

Das Blässhuhn (*Fulica atra*) – auch Blässralle oder Taucherli genannt – ist kleiner als eine Stockente. Es gehört zu den Rallen (Rallidae). Eine Besonderheit innerhalb dieser Familie sind die Füße mit sehr langen Zehen und blattähnlichen Schwimmlappen an den Zehen, die eine ganz charakteristische Trittspur hinterlassen. Die Zehen sind so breiter und es sieht aus wie die Schwimmhaut bei den Entenvögeln (Anatidae). Blässhühnerspuren sind dank dieses Merkmals einfach zu bestimmen. Der Vogel ist ganz schwarz gefärbt, außer auf der Stirn und dem Schnabel, dort ist er weiß. Die Augen sind rot und schwarz.

Der Vogel ist in Deutschland und in der Schweiz weit verbreitet und gilt sowohl als Standvogel als auch als Kurzstreckenzieher. Auch am Bodensee ist die Ralle sehr häufig. Zählungen haben etwa 1 800 Brutreviere, von Juli bis August bis zu 10 000 mausernde Vögel und zwischen November und Dezember bis zu 60 000 Wintergäste ergeben.

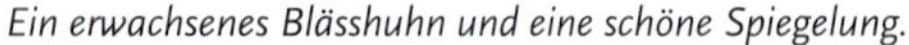

Ein erwachsenes Blässhuhn und eine schöne Spiegelung.

Der Vogel hat verschiedene interessante Verhaltensweisen, die vor allem im Frühling zu sehen sind: Er zeigt ein typisches Revierverhalten. Jedes Männchen wird als Konkurrenz angesehen und aktiv vertrieben. Mit etwas Geduld werden Sie die Revierverteidigung und Vertreibung eines Geschlechtsgenossen, die über sehr lange Distanz gehen kann, oder sogar Kämpfe beobachten können.

Ein Weibchen brütet oft auf schwimmenden Nestern. Das Nest wird aus verschiedenen Pflanzenmaterialien gebaut; manchmal gibt es eine regelrechte Rampe, um auf das Nest zu gelangen. Sie legen zwischen drei und zwölf hellgrau gefleckte Eier, welche beide Eltern 21 bis 23 Tage lang brüten. Die Jungvögel verlassen schon nach wenigen Tagen das Nest, sie sind Nestflüchter. Die Jungensterblichkeit ist ziemlich hoch, weil die Jungen oft ertrinken oder von Beutegreifern wie Greifvögeln, Raben oder Hechten gefressen werden. Die ganz jungen Blesshühner haben ein sehr auffälliges Gesicht: Die Federn rund um den Kopf sind rot-orange. Zudem fehlen auf dem Kopf und dem Gesicht Federn, dort ist die Haut rot gefärbt.

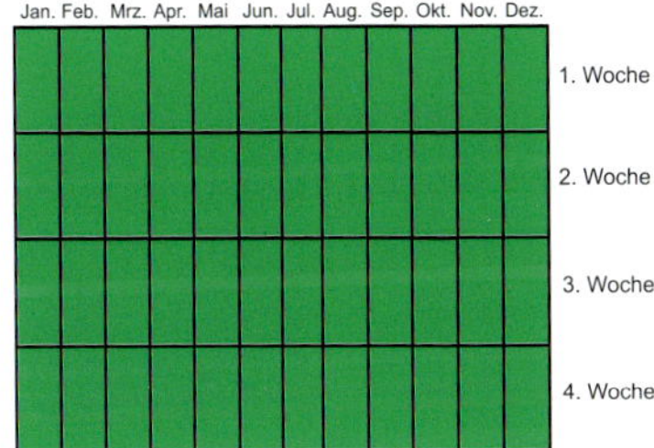

Das Blässhuhn: Ein Vogel, den Sie das ganze Jahr über antreffen werden.

Was gibt es noch zu beobachten?

Rund um den Untersee herum werden Sie vor allem Wasservögel beobachten können. Schauen Sie auch auf die Schiffsstege und an den Häfen, dort verweilen oft Vögel. Die ursprüngliche Ufervegetation ist leider fast überall verschwunden. Die Überbauung des Uferbereiches zum Schutz gegen Hochwasser und für Siedlungen, die Nutzung der Ufer zur Freizeitgestaltung und die Eutrophierung des Sees haben die natürliche Ufervegetation nachhaltig zerstört. Am Bodensee gibt es typische Pflanzengesellschaften mit sogar endemischen (nur dort vorkommenden) Pflanzenarten, wie der Strandschmiele (*Deschampsia littoralis*), dem Bodensee-Vergissmeinnicht (*Myosotis rehsteineri*), dem Strandling (*Littorella uniflora*) und dem Ufer-Hahnenfuß (*Ranunculus reptans*). Sie sind noch vereinzelt am Untersee und am Gnadensee zu finden. Der beste Standort, um ein Bodensee-Vergissmeinnicht zu finden, ist bei Allensbach am Gnadenseeufer beim Campingplatz Hegne und in Konstanz beim Strandbad Petershausen. Am Schweizer Ufer sind sie kaum mehr zu finden.

Ein Graureiher ruht sich am Hafen auf einem Poller aus.

Versuchen Sie auch einmal, ein Foto zu »inszenieren«. Dadurch können Fotos lebendiger werden und eine Fotoreportage über das Gebiet wird damit »abgerundet«. Hier haben wir mithilfe eines Teleobjektivs eine Alltagsszene am Bodensee inszeniert: Das junge Paar genießt die Sonnenstrahlen an einem warmen Tag und die Wasservögel schwimmen entspannt um den Steg herum.

Tafel 8: Ufervegetation des Bodensees

12 Fototipps

Für die Natur- und Reisefotografie ist unsere Empfehlung, sich eine Spiegelreflexkamera (egal ob digital oder analog) oder eine spiegellose Systemkamera zu kaufen. Sie können mit ihnen schnell reagieren und zuerst eine schöne Landschaft und zwei Minuten später eine prachtvolle Schwertlilie ablichten. Dies ist möglich, weil Sie jede beliebige Brennweite einsetzen können, indem Sie einfach nur das Objektiv wechseln. Seit wenigen Jahren gibt es die spiegellosen Systemkameras. Das sind recht kleine Kameras, ebenfalls mit Wechselobjektiven. Die Vorteile dieser Kameras liegen in ihrem geringen Gewicht und dem sehr geringen Platzbedarf. Mit einer klassischen Spiegelreflexkamera haben Sie schnell 15 bis 20 kg in Ihrem Rucksack, mit der Systemkamera inklusive der Objektive sparen Sie mindestens die Hälfte an Gewicht und Platz.

Fotografieren: Malen mit Licht!

Aber nicht die Ausrüstung alleine macht schöne Bilder: Es braucht Fotografinnen und Fotografen, die es verstehen, mit Licht zu malen. Denn für ein gutes Foto sind letztendlich das Auge des Fotografen und das vorhandene Licht entscheidend. Das Licht am Bodensee stellt uns Fotografen häufig vor eine schier unlösbare Aufgabe: Die Luft ist oftmals von Wasserdampf getrübt oder die Lichtintensität ist zu stark; zudem wird von der Wasseroberfläche das Sonnenlicht noch zusätzlich reflektiert und das grelle Licht dadurch sogar noch verstärkt. Das Ergebnis sind überbelichtete Fotos mit zu hohen Kontrasten und verwaschene Bilder ohne jede Schärfe im Motiv. Planen Sie daher Ihren Fotoausflug nach dem vorherrschenden Wetter: Für die Landschaftsfotografie ist die günstigste Zeit nach einem (starken) Gewitter. Die Luft ist von Wind und Regen wie frisch gewaschen und es gibt keinen Dunst. Wettervorhersagen sind heutzutage relativ präzise und mit einer Wetter-App kann man sich sein Fotografenleben deutlich erleichtern. Schauen Sie allerdings am Morgen vor der Abfahrt zur Sicherheit noch einmal auf die Wettervorhersage! Doch bei Hochnebel oder bedecktem Himmel brauchen weder Sie, noch Ihre Kamera zu Hause zu bleiben! Makrofotografie ist praktisch bei jedem Wetter möglich. Wälder oder Wasserfälle sind bei bedecktem Himmel sogar besser fotografierbar, denn Sonnenlicht verursacht – besonders im Wald – zu starke Kontraste.

Links: Ist die Sonneneinstrahlung im Wald zu stark, überstrahlt die Sonne Teile des Bildes, welche dann überbelichtet sind. Die beschatteten Stellen (z. B. durch Blätter) sind dann zu dunkel, also unterbelichtet. Rechts: Bei bedecktem Himmel ist das Licht im Wald gleichmäßig verteilt und das Motiv harmonisch ausgeleuchtet. So wird die Kamera auch eher die richtige Belichtungszeit wählen!

Im Laufe des Tages ändern sich die Lichtverhältnisse permanent. Damit Sie tolle Lichtstimmungen ablichten können, sollten Sie zur richtigen Uhrzeit vor Ort sein!

Schlechtes Wetter bedeutet oft tolle Stimmungen! Hier eine Schwertlilie mit spektakulären Mammaten im Hintergrund. Mammaten sind eine Wolkenformation an der Unterseite von Gewitterwolken (Cumulonimbus).

Als optimale Zeiten zum Fotografieren gelten nachfolgende Faustregeln: Zweimal am Tag, kurz nach Sonnenauf- und kurz vor Sonnenuntergang gibt es die sogenannte »Goldene Stunde«. Zu diesen Zeiten ist das Licht »gülden« und strahlt eine besondere Wärme aus. Sonnenaufgang und Sonnenuntergang sind jeden Tag ein wenig anders und können spektakulär sein. Die »Blaue Stunde« bezeichnet die Zeit der Abenddämmerung bis kurz nach Sonnenuntergang. Tatsächlich können Sie bei diesem Licht viele verschiedene Blautöne bis hin zum Violetten auf Ihren Sensor bannen.

Aufnahmen aus Lengwil zur »Goldenen Stunde«: Oben sehen Sie eine Aufnahme bei Sonnenaufgang am Grossweiher mit einem Höckerschwan. Unten der Pfaffweiher mit der »gülden« untergehenden Sonne.

Hier eine Serie zum Thema »Blaue Stunde«. Die Aufnahme des Baumes links oben entstand im Juni. Im April, kurz vor Sonnenaufgang, wurde die Aufnahme links unten gemacht und das rechte Bild entstand tagsüber. Die Bilder zeigen, wie das Licht den Bildeindruck beeinflusst.

Damit Sie verschiedene Lichtverhältnisse, aber auch verschiedene Lichtstimmungen fotografieren können, sollten Sie immer wieder an den gleichen Standort gehen. So lernen Sie gleichzeitig auch den Lebensraum und die Region bestens kennen und erleben die Natur völlig anders, als wenn Sie einmal kurz ein Foto knipsen und wieder nach Hause fahren.

Gehen Sie auch zu verschiedenen Jahreszeiten in ein Gebiet. So entwickelt sich im Laufe der Zeit eine Reportage über die besuchte Region. Lohn dafür werden bessere und spektakulärere Bilder für Ihr Archiv sein!

Bildgestaltung: das A und O der Fotografie

Ein Foto entsteht dank des Lichtes, aber auch dank des Auges der Fotografin, des Fotografen. Ein Bild erzeugt immer eine bestimmte Wirkung beim Betrachter, positive Gefühle entstehen aber erst, wenn die Bildgestaltung stimmig ist! Benutzen Sie die Hauptgestaltungsregeln bzw. -mittel der Fotografie wie den Goldenen Schnitt, die Diagonale, den Punkt, Farben, »scharfe Augen« bei Tierporträts, Quer- und Hochformat. Motive, die im Bild an der richtigen Stelle stehen, verbessern Ihre Aufnahmen merklich! Als Beispiel nehmen Sie bitte die drei Baumbilder auf Seite 95. Der Baum wurde im Goldenen Schnitt platziert, ebenso die Horizonte, und es sind Aufnahmen sowohl im Quer-, als auch im Hochformat gemacht worden.

Ihre Kreativität für innovative Motive hingegen ist beim »Wischer-Bild« gefragt!

Das Reh ist in der Regel ein scheues Wesen. Das lässt sich prima in einem Foto darstellen, wenn Sie es in einem »Wischer-Bild« festhalten: Ziehen Sie Ihre Kamera mit der Bewegung des Tieres mit, wählen Sie eine kurze Belichtungszeit und drücken Sie mehrmals ab. Allerdings macht hier Übung den Meister! Zum Vergleich hier ein Reh auf der Flucht »eingefroren« (oben) und darunter – man spürt beinahe die Angst des Tieres – etwas innovativer als »Wischer« fotografiert.

Was sollte der Fotorucksack für eine Fotoexkursion enthalten?

Wir möchten Ihnen keine Liste präsentieren, was wir beide alles in unsere Fotorucksäcke packen. Da wir mit Ausrüstungen verschiedener Hersteller arbeiten, würde diese Liste ein wenig lang werden! Wir haben für Sie den Fokus dafür mehr auf wichtiges Zubehör gelegt:

Das Stativ ist für uns das wichtigste Zubehör. Verwackelte Aufnahmen kommen dann (auch ohne Objektive mit Anti-Verwacklungssystemen!) fast nie mehr vor. Die Anzahl guter Fotos wird durch den Einsatz eines Statives deutlich erhöht! Landschaftsfotografen benutzen es vor allem deswegen, weil sie lange Belichtungszeiten benötigen. Tierfotografen brauchen das Stativ für ihre schweren Teleobjektive, um bei langem Ansitzen nicht müde zu werden und um Muskelkraft zu sparen! Am Anfang braucht es eine gewisse Übung, um mit einem Stativ zurechtzukommen. Doch keine Angst, auch uns ist es nicht anders ergangen! Nehmen Sie sich Zeit zum Üben, z. B. in ihrem Garten oder in einem Tierpark. Dort flüchten die Fotomotive nicht schon, bevor Sie das Stativ überhaupt parat haben. Sie können so in Ruhe und ohne Stress den Umgang mit diesem wichtigen Zubehör erlernen.

Bei den Aufnahmen der Flussseeschwalbe (links) und der Burgruine Altbodman (rechts) war es ohne Stativ nicht möglich, vernünftige Aufnahmen zu machen. Sie wären alle verwackelt worden, denn die Belichtungszeit war viel zu lang, um ruhig aus der Hand zu fotografieren. Mit einem Teleobjektiv und einer sehr kurzen Belichtungszeit ist es wegen des Gewichtes des Objektives auch nicht immer möglich, ein scharfes Bild zu bekommen (auch Anti-Verwacklungssysteme geben dafür keine Garantie!).

Der Polarisationsfilter

Dieser Filter, auch Polfilter genannt, zeigt seine Wirkung auf reflektierenden Flächen, aber auch bei Wolken. Wenn Sie ein Gewässer ablichten möchten, haben Sie vielleicht schon gemerkt, dass das Sonnenlicht vom Wasser reflektiert wird. Dies ist auch auf feuchten Flächen der Fall. Mit einem Polfilter können Sie diese Reflektion reduzieren. Sie können auch den Rand von (Schäfchen-)Wolken »knackiger« machen, im Bild sehen sie dann schärfer aus.

Hier eine Aufnahme aus dem Lengwiler Flachmoor mit einem Polarisationsfilter, die Farben sind satter und die Wolken knackiger.

Sie müssen nicht unbedingt in Tarnkleidung durch den Wald laufen, um Tiere zu beobachten. Aber dunkle Kleidung ist für einen Naturfotografen deutlich besser als die knallig bunt gefärbten Trainingsjacken, die oft von Wanderern und Joggern getragen werden.

Eine gute Fototasche brauchen Sie, um Ihre wertvolle Kamera und gesamte Ausrüstung zu schützen. Für die Naturfotografie hat sich ein Fotorucksack bewährt. Sie müssen meist sehr viel gehen und können so viel Energie sparen. Der Rucksack sollte wasserfest und dicht abzuschließen sein. Dann wird Ihre Ausrüstung gut gegen Staub und Regen geschützt.

Den Einsatz eines Trolleys empfehlen wir, um Kräfte zu sparen und um Ihren Rücken zu schonen. Ein gut gefüllter Fotorucksack kann sehr schwer werden! Dies kann ein richtiger Fototrolley sein oder aber auch ein Golftrolley (beide Autoren verwenden diese Trolleyvariante). Weil der Golftrolley drei Räder hat, ist er sehr stabil und kann auch auf nicht geteerten Straßen oder Waldpfaden benutzt werden – sowohl gezogen wie auch geschoben. Dies geht bei einem Fototrolley so nicht!

Wir haben aus Golftrolleys an unsere Bedürfnisse angepasste Fototrolleys angefertigt, mit denen wir unsere gesamte Ausrüstung transportieren! Sie sind zusammenlegbar und können mit extrem geringem Kraftaufwand gezogen und auch geschoben werden. Kein anderer Fototrolley ist dazu in der Lage!

Hier geben wir unseren Lesern unsere Fotoausrüstung zur Ansicht frei.

Naturbeobachtung und Naturfotografie: noch ein paar Tipps

Es ist kein Geheimnis: Um gute Naturaufnahmen zu bekommen, müssen Sie die Natur kennen! Wir empfehlen Ihnen daher, an Führungen oder Exkursionen am Bodensee teilzunehmen. Verschiedene Naturschutzorganisationen in Deutschland und in der Schweiz bieten ein breites und spannendes Programm an. So werden Sie durch die Erfahrungen und die Kenntnisse der Fachleute entdecken, was am Bodensee einzigartig ist und was Sie wo und wann beobachten können.

Bei bedecktem Himmel lassen sich z. B. Pilze perfekt ablichten! Hier ist ein Buchen-Schleimrübling abgebildet.

Das auf dem Foto unten zu sehende »milchige« Licht ist typisch für den Bodensee.

Noch ein Geheimtipp für die Landschaftsfotografie: Sie möchten den ganzen Bodensee ablichten? Da gibt es nur eine Möglichkeit – und zwar aus der Luft! Und warum können Sie nicht den ganzen Bodensee vom Boden aus auf einem einzigen Foto ablichten? Wegen eines natürlichen Phänomens: der Seewölbung! Ein optimaler Aussichtspunkt ist eigentlich Bregenz am Obersee. Von dort verliert sich der See aber am Horizont, schon das »nur« 46 km entfernte Konstanz ist nicht mehr zu sehen! Der Bodensee ist zwischen Bregenz und Stein am Rhein 63 km lang. In direkter Linie würde die Sicht theoretisch 56 km weit reichen. Aber da macht sich bereits die Erdkrümmung bemerkbar: Konstanz liegt schon 161,5 m unter der Sichtlinie von Bregenz und ist deshalb von dort nicht mehr zu sehen; Konstanz liegt sozusagen hinter dem Horizont.

Also, um eine Aufnahme des ganzes Bodensees zu bekommen, muss man entweder fliegen oder auf einen Berg wandern. Um einen Teil des Überlinger Sees abzulichten, gehen Sie oberhalb von Sipplingen zum Aussichtspunkt Haldenhof (beim gleichnamigen Restaurant). Dort haben Sie einen schönen Blick auf den Überlinger See, Sipplingen und die Ruine Altbodman. Für eine Aussicht auf Moos und Radolfzell gibt es einen tollen Aussichtspunkt auf dem Schienenberg oberhalb von Bankholzen (Parkplatz Haselwies) oder vom Parkplatz der Tour 4 in Liggeringen aus (siehe Tour 4, Seite 42 ff.) und vom Haldenhof auf dem Sipplinger Berg (siehe auch Kapitel 1 »Einführung«, Seite 7, und Kapitel 14 »Geschichte«, Seite 113). Um den Untersee abzulichten, sind folgende Orte zu empfehlen: die Burg Hohentwiel, zwischen Haidenhaus und Eugerswil im Kanton Thurgau, oberhalb von Steckborn (Parkplatz entlang der Hauptstraße zwischen Hörhausen und Steckborn).

Und nicht vergessen: Zeigen Sie Ihre Bilder!

Nach der Bildbearbeitung präsentieren Sie Ihre Fotos am besten mit einer Diashow, z. B. mit Standard-Präsentationsprogrammen oder einer spezifischen Software mit Multimediafunktionen. Und/oder: Machen Sie ein Fotobuch. Heutzutage gibt es ein sehr breit gefächertes Angebot im Internet und Sie können sehr schöne Fotobücher leicht selbst zusammenstellen. Aber egal wie: Zeigen Sie Ihre Bilder Freunden und der Familie!

13 Der Bodensee von A–Z

Affenberg: Bei Salem; Park mit Berberaffen, (freilebenden) Weißstörchen, Damwild und verschiedenen Wasservögeln. Infos: www.affenberg-salem.de.

Altbodman: Die Burg Altbodman ist eine Ruine und wurde im Mittelalter auf dem Bodanrück südlich von Bodman gebaut. Siehe auch Tour 4 und Kapitel 12 »Fototipps«, Seite 97.

Angeln: Speziell für den Untersee sind die Kantone Schaffhausen und Thurgau für die Berufs- und die Hobbyfischer zuständig; dies gilt auch für die Jagd. In Deutschland ist dies etwas komplizierter, Infos: www.bodensee-angeln.de; Infos zum Angeln und zur Jagd: www.bodenseekreis.de.

Anrainerstaat: Anliegerstaaten am Bodensee sind Deutschland, Österreich und Schweiz.

Appartements: siehe Unterkunft

Aquarium: siehe Sea Life Konstanz

Arenenberg, Schloss: Steht in Mannenbach-Salenstein und ist ein Schloss Napoleons mit einem Museum über Napoleon. Infos: www.napoleonmuseum.tg.ch.

Arzt: Es sind genügend Ärztinnen/Ärzte in der Region ansässig.

Banken: In vielen Ortschaften gibt es mindestens eine Sparkasse mit Geldautomaten.

Behinderungen, Menschen mit: Leider ist es nicht möglich, überall mit einem Rollstuhl hinzugelangen. Dennoch gibt es einige Wege, die durchaus für Rollstuhlfahrer nutzbar sind. Weitere Infos bei den einzelnen Touren.

Bisonstube: Auf dem Bodanrück äsen ca. 20 amerikanische Bisons. Seit mehr als 40 Jahren werden dort diese riesigen Wiederkäuer gezüchtet und im Oktober gibt es die Bisonwochen, in denen das Fleisch dieser Tiere lecker zubereitet angeboten wird. Im Sommer am Wochenende werden Konzerte organisiert und Spanferkel gegrillt. Infos: bisonstube-bodenwald.de.

Bodanrück: Ein Molasserücken (Sandsteinrücken) mit dem höchsten Punkt von 693 m ü. M. und einer Fläche von ca. 112 km². Der Bodanrück teilt den Überlinger See und den Untersee. Man versteht unter dem Namen Bodanrück die höher liegenden Gebiete der Halbinsel zwischen Bodman-Ludwigshafen und Konstanz.

Bodenseefestival: Internationale Orchester-, Kammer- und Orgelkonzerte, Theater, Ballett, Jazz, Literatur und Kabarett. Das Festival findet Anfang Mai statt.

Bodenseekonferenz, Internationale (IBK): Die IBK ist ein kooperativer Zusammenschluss der an den Bodensee angrenzenden und mit ihm verbundenen Länder. Sie hat sich zum Ziel gesetzt, die Bodenseeregion als attraktiven Lebens-, Natur-, Kultur- und Wirtschaftsraum zu erhalten und zu fördern und die regionale Zusammengehörigkeit zu stärken. Infos: www.bodenseekonferenz.org.

Bodenseepfad: Ein Naturlehrpfad rund um den ganzen Bodensee. Am Untersee und am Überlinger See gibt es Stationen in Überlingen, Insel Mainau, Mettnau, Radolfzell, Markelfingen und Moos. Ein Projekt der Internationalen Bodenseekonferenz (IBK). Eine Broschüre mit einer Karte bekommen Sie in den Naturschutzzentren und bei den Tourismusinformationen.

Bodman-Ludwigshafen: Die Gemeinde liegt am Überlinger See und gehört seit 1975 zu den bis dahin selbstständigen Gemeinden Bodman und Ludwigshafen (früher die Gemeinde Sernatingen).

Bodman: Die Herren von Bodman gehören seit dem Mittelalter zum Uradel, ein Zweig der Familie besteht noch heute. Das Schloss Bodman wird auch Neu-Bodman genannt, um es von der Burg Altbodman unterscheiden zu können. Es gehört als Teilort zur Gemeinde Bodman-Ludwigshafen. Leider kann nur der Schlosspark besichtigt werden.

Boot: siehe Segeln

BUND: Bund für Umwelt und Naturschutz Deutschland, u. a. für die Pflege und für Führungen im Schutzgebiet Mindelsee und Moos zuständig. Infos: www.bund-bawue.de/mindelsee.

Camping: Möglich u. a. in Allensbach (der Kiesstrand in Hegne ist einer der Standorte im Frühjahr, um das Bodensee-Vergissmeinnicht zu sehen), Konstanz, Markelfingen, Insel-Camping in Reichenau und in Wahlwies. Auf dem Campingplatz Klausenhorn können Sie in Holzfässern übernachten. Camping in der Schweiz: in Eschenz, in Steckborn und in Stein am Rhein.

Churfirsten: Sieben beeindruckende Felsformationen aus Kalkstein, sie sind von Sipplingen aus zu sehen.

Deutsche Bahn: siehe Eisenbahn

Dix, Wilhelm Heinrich Otto: Deutscher Maler und Grafiker des 20. Jahrhunderts. Er wohnte lange in Hemmenhofen und starb in Singen. Otto-Dix-Haus in Gaienhofen-Hemmenhofen.

Eisenbahn: 2004 gründeten deutsche, österreichische und schweizerische Verbände die »Initiative Bodensee-S-Bahn«, welche sich für bessere Angebote im grenzüberschreitenden Schienenverkehr und für einen internationalen Verkehrsverbund in der »Euregio Bodensee« einsetzt (Infos: www.bodensee-s-bahn.org). Für die Region, die in diesem Buch behandelt wird, gelten die Euregio Zonen 2–Mitte und 3–West. Informationen, Tageskarte und Fahrpläne: www.euregiokarte.com.

Fahrrad: Es gibt sehr viele ausgeschilderte Stecken für Radler. Auch Literatur ist reichlich vorhanden. In diesem Buch haben wir für Sie eine sehr abwechslungsreiche Velotour (Tour 8) zusammengestellt.

Fastnacht: Die alemannische Fastnacht findet am 6. Januar statt.

Feiertage: Nationalfeiertag in der Schweiz ist der 1. August. Am Untersee, Gnadensee und Überlinger-See gibt es regionale Feste, z. B.: das Heilig-Blut-Fest eine Woche nach Pfingsten auf der Insel Reichenau; das Radolfzeller Hausherrenfest, sehenswert ist der Korso aus beleuchtenden Booten und der Umzug mit Trachten in der Stadt; die Mooser Wasserprozession; das Konstanz-Kreuzlingen-Seenachtfest am zweiten Augustsamstag.

Fische: 35 verschiedene Süßwasserfischarten finden im Bodensee gute Bedingungen und die meisten sind bekannte Speisefische wie der Egli (auch Barsch oder Kretzer genannt), das Bodenseefelchen oder Blaufelchen, der Hecht und der Zander. Es gibt kein Fischereiverbot am Bodensee (siehe Angeln).

Flugplatz: Es gibt Flugplätze in Konstanz (www.flugplatz-konstanz.de) und in Radolfzell-Stahringen (www.fsv-radolfzell.de).

Freibad: siehe Strandbäder

Freizeit: Einige Angebote finden Sie auf der Internetseite www.freizeit-erlebnisse.com und einige in diesem Kapitel A–Z.

Golf: Einen schön gelegenen Golfplatz finden Sie bei Langenrain, ganz in der Nähe der Marienschlucht.

Halbinsel Höri: Etwa 45 km² groß. Sie besteht aus einem Gemeindeverwaltungsverband mit dem Namen Höri. Er umfasst die Gemeinden Gaienhofen, Moos und Öhningen. Geografisch umfasst die Halbinsel Höri das nördliche Ufer des Untersees und das südliche Ufer des Zeller Sees sowie den Ortsteil Bohlingen, der als »Tor zur Höri« bezeichnet wird.

Hallenbad: siehe Therme

Haustierhof Reutemühle: Kleiner Tierpark, Infos: www.haustierhof-reutemuehle.de.

Hesse, Hermann: Deutscher Schriftsteller, lebte von 1904 bis 1912 in Gaienhofen auf der Halbinsel Höri. Hermann-Hesse-Haus in Gaienhofen: www.hermann-hesse-haus.de.

Hödinger Tobel: Eine tiefe Schlucht (Tobel), welche sich in den Molassefelsen des Nordufers des Überlinger Sees gegraben hat. Ein anspruchsvoller Wanderweg zwischen Sipplingen und Überlingen.

Hof Höfen: Ausflugslokal im Bodanrück, gut als Start oder Ziel für Wanderungen.

Hohenklingen: Die Burg war bis 1800 für die Eidgenossen ein strategisch wichtiger Posten im Norden. Nach dem verlorenen Krieg gegen Napoleons Armee wurden die Kanonen abgebaut und an Hohenklingen gegen Entgelt ausgeliehen. Vermutlich wurden sie irgendwann eingeschmolzen. Seit 1863 ist die Burg Hohenklingen eine Kuranstalt, nicht nur mit »Frauenzimmern«, sondern auch Fremdenzimmern. Die 2005–2007 renovierte Burg mit einem angeschlossenen Restaurant hat große Bedeutung für den Fremdenverkehr am Bodensee.

Hohentwiel: Im Hegau gelegener 686 m hoher Berg mit einer schönen Aussicht. Auf dem Hügel befindet sich eine Festungsruine von ca. 1 ha Größe. Hohentwiel ist ein 246 ha großes Naturschutzgebiet und umfasst den gesamten Berg zwischen Singen und Twielfeld inkl. 19 ha Bannwald. Bei der Ruine leben die seltene Italienische Schönschrecke und die Schlingnatter.

Hotel: siehe Unterkunft

Jagd: siehe Angeln

Kanu: Verschiedene Veranstalter bieten Exkursionen und Einführungskurse an. Kanus können beim Naturfreundehaus (Radolfzeller Str. 17, 8315 Radolfzell-Markelfingen) gemietet werden.

Kajak: siehe Kanu

Klima: Das Klima wird oft als mediterran bezeichnet. Die Sommer sind sehr mild und warm und die Winter sind schneearm. Siehe auch Kapitel 3 »Erste Schritte«.

Konstanz: Kreisstadt; größte Stadt am Bodensee mit 84 290 Einwohnern (Stand 31.12.2015). Die Geschichte des Ortes reicht zurück bis in die römische Zeit und ist heutzutage immer noch wegen des Konzils von 1414 bis 1418 bekannt. Damals lebten in Konstanz nur 6 000 Einwohner, während des Konzils aber waren bis zu 70 000 Menschen anwesend. Heute ist Konstanz wegen der Hochschule für Technik, Wirtschaft und Gestaltung und der Universität überregional bekannt.

Krankenhaus: In Konstanz, in Radolfzell, in Singen (www.glkn.de) und in Münsterlingen (www.stgag.ch).

Kreuzlingen: Mit rund 21 500 Einwohnern die zweitgrößte Stadt des Kantons Thurgau und die größte Schweizer Stadt am Bodensee. Mit der Nachbarstadt Konstanz in Deutschland bildet Kreuzlingen eine Agglomeration von über 100 000 Einwohnern.

Kultur: Kulturelle Angebot am Untersee finden Sie unter: www.tourismus-untersee.eu/Entdecken/Kultur. Eine weiteres Internetportal über die Kultur finden Sie unter: www.bodensee-kultur.de.

Kursschiff: siehe Schifffahrt

Mainau, Insel: Die drittgrößte Insel des Bodensees; im Besitz von Graf Lennart Bernadotte. Ein Besuch der Insel ist täglich möglich. Je nach Jahreszeit gibt es Highlights wie Tulpen, Narzissen, Rhododendren, Dahlien oder bis zu 1 200 Rosensorten zu bewundern! Für schlechtes Wetter gibt es Tropenhäuser mit Orchideen und Tropenpflanzen und Schmetterlingen. Öffnungszeiten und Preise: www.mainau.de.

Marienschlucht: Seit 2014 nach einem Erdrutsch und einem tödlichen Unfall geschlossen. Infos: www.marienschlucht.de.

Max-Planck-Institut für Ornithologie: Seit 1946 in Möggingen ansässig. Dort wird über die Vogelwelt, zum Beispiel Verhaltensneurobiologie, Verhaltensökologie, evolutionäre Genetik, Tierwanderungen und Immunökologie geforscht. Infos: www.orn.mpg.de.

Mettnau: Gehört zur Stadt Radolfzell und ist ein bekannter Kurort.

Milchwerk: Im Milchwerk Radolfzell gibt es Tagungsräume, Säle für Kongresse und diverse Veranstaltungen. Infos: www.milchwerk-radolfzell.de.

Mountainbike: siehe Fahrrad

Museen: siehe www.bodenseemuseen.org

NABU: Naturschutzbund Deutschland, Charitéstr. 3, 10117 Berlin; am Bodensee u. a.: NABU Bezirksverband Donau-Bodensee, Mühlenstr. 4, 88662 Überlingen.

NaturFreundehaus: In Markelfingen. Bietet mit seinem Restaurant einen herrlichen Blick über den Bodensee und bietet regionale Speisen aus nachhaltiger Produktion an. Die Naturfreunde setzen sich ein für ökologisches Gleichgewicht, ökonomische Sicherheit und soziale Gerechtigkeit. Infos: www.naturfreundehaus-bodensee.de.

Naturmuseum Bodensee: In Konstanz. Infos: www.konstanz.de/naturmuseum.

Naturschutzzentrum Wollmatinger Ried: Im ehemaligen Bahnhof Reichenau, Kindlebildstr. 87, 78479 Reichenau. Voraussichtlich ab 2018 neue Adresse im Gewerbegebiet Göldern-Ost, Gemeinde Reichenau; Infos u.a. für Führungen: www.nabu-wollmatingerried.de.

Notruf: Euronotruf: 112; Schweiz: Ambulanz 144, Polizei 117, Feuerwehr 118, Rettungsflugwacht Rega 1414. Deutschland: Polizei: 110, Feuerwehr oder Rettungswagen: 112.

Pfahlbauten: In Unteruhldingen finden Sie ein Museum mit einem Dorf; gezeigt wird, wie am Bodensee von 5 000 bis 1 000 vor Christus gelebt wurde. Infos: www.pfahlbauten.de.

Pro Natura: Ehemals »Naturschutzbund«, 1909 gegründet. Betreut heute über 600 Naturschutzgebiete und zwölf Naturschutzzentren; ist in allen Kantonen der Schweiz aktiv. Infos Pro Natura Thurgau: www.pronatura-tg.ch.

Reptilienhaus Unteruhldingen: Artgerecht eingerichtete Terrarien für Schlangen, Echsen, Schildkröten. Infos: www.reptilienhaus.de.

Radolfzell: Erhielt ihren Namen vom Gründer der Stadt, dem Bischof Radolt von Verona, der 826 Cella Ratoldi gründete, aus der Radolfzell hervorging. Sie ist die drittgrößte Stadt im Landkreis Konstanz, 30 943 Einwohner (31.12.2015). Folgenden Gemeinden wurden 1974 eingegliedert: Böhringen, Güttingen, Liggeringen, Markelfingen, Möggingen und Stahringen. Radolfzell bietet u. a. Arbeitsplätze im Maschinenbau, in der Automobilzulieferung und in der Textil- und Nahrungsmittelindustrie.

Reichenau: Die Halbinsel wurde schon von den Römern besiedelt. Mit dem Benediktinerkloster Reichenau seit 2000 auf der UNESCO-Liste des Welterbes gelistet. Infos: www.reichenau.de.

Reiten: Zahlreiche Reithöfe bieten Ausreitmöglichkeiten an, organisieren Reitausflüge und Reitkurse. An sehr vielen Orten können Sie auch alleine mit Ihrem Pferd ausreiten. U. a. Infos hier: www.bodensee.travel/bodensee/reiten.

Restaurants: siehe Tourismusinformation

Rheinfall von Schaffhausen: Gehört zu den drei größten Wasserfällen Europas und wurde früher »Großer Laufen« genannt. Der Wasserfall befindet sich auf dem Gebiet zweier Gemeinden in zwei Kantonen (Neuhausen am Rheinfall im Kanton Schaffhausen und Laufen-Uhwiesen im Kanton Zürich). Der Rheinfall hat eine Höhe von 23 m und eine Breite von 150 m. Infos: www.rheinfall.ch.

Sauna: siehe Therme

Schweizerische Bundesbahnen (SBB): siehe Eisenbahn

Schifffahrt: Die »Schweizerische Schifffahrtsgesellschaft Untersee und Rhein« bietet Fahrten zwischen Schaffhausen und Kreuzlingen-Konstanz an. Extrafahrten sind möglich, mit verschiedenen Events. Programm, Fahrpläne und Informationen unter: www.urh.ch. Am Obersee sind verschiedene Schifffahrtsgesellschaften tätig, Infos: www.sbsag.ch oder www.bodenseeschifffahrt.de.

Sea Life Konstanz: Neben einheimischer Wasserfauna können Sie auch Exoten wie Pinguine, Haie oder Seepferde entdecken. Infos: www.visitsealife.com/konstanz.

Seeanrainer: siehe Anrainerstaat

Segeln: Segeln und Bootfahren ist am Bodensee der Sport schlechthin. Infos: www.bodensee-info.com/html/segeln_am_bodensee, www.bodensee.travel/bodensee/segeln, www.bodenseekreis.de/verkehr-wirtschaft/schifffahrt/bootszulassung.

Spital: siehe Krankenhaus

Stein am Rhein: Vor allem wegen der aus dem Mittelalter stammenden, gut erhaltenen Altstadt bekannt. Oberhalb des Dorfes liegt die Burg Hohenklingen. Der Ort, ein ehemaliges Kloster, wurde 1267 erstmals als Stadt urkundlich erwähnt. Wegen einer Brücke über den Rhein hatte sie im Mittelalter eine strategische Bedeutung. Im Schwabenkrieg war Stein ein Einfallstor für die Eidgenossen in den Hegau. Kultur und Tourismusinformationen unter: www.steinamrhein.ch.

Stiftung Seebachtal: Kümmert sich um den Natur- und Landschaftsschutz im Gebiet rund um die drei Seen im Seebachtal (Hüttwiler See, Nussbaumer See, Hasesee) kümmern. Infos: www.stiftungseebachtal.ch.

Strandbad: In Konstanz: www.bodensee.travel/bodensee/baden/konstanz.html, am Untersee: www.bodensee.travel/bodensee/baden/untersee.html, am Überlinger See: www.bodensee.travel/bodensee/baden/ueberlinger-see.html.

Swisstopo: Bundesamt für Landestopographie, erstellt die offiziellen Landeskarten.

Tierpark: Wild- und Freizeitpark Allensbach zwischen Markelfingen und Kaltbrunn.

Therme: Gibt es in Konstanz, Kreuzlingen, Meersburg, Radolfzell und Überlingen.

Tourismusinformation: Bodensee allgemein: www.bodensee.travel und www.bodenseeferien.de; Untersee: www.tourismus-untersee.eu; Sankt-Gallen: www.st.gallen-bodensee.ch; Thurgau: www.thurgau-bodensee.ch, Schaffhausen: www.schaffhauserland.ch.

Überlingen am Bodensee: Namensgeber des Überlinger Sees. Das hügelige Hinterland ist eine Moränenlandschaft, die durch Gletscher der letzten Eiszeiten geformt wurde. Die Stadt hat 22 224 Einwohner (Stand 30.06.2016) und gehört zur Kreisstadt Friedrichshafen. Wegen der Therme ist sie als Kurort bekannt.

Unterkunft: Sie finden ein breites Angebot auf den Internetportalen www.bodensee.travel und www.tourismus-untersee.eu. Für Ferienwohnungen finden Sie hier Angebote: www.ferienwohnungen-bodensee.de, www.bodenseeferien.de/ferienwohnung.html, www.st.gallen-bodensee.ch, www.thurgau-bodensee.ch und www.schaffhauserland.ch. Siehe auch Camping.

Velo: siehe Fahrrad

Vogelwarte Radolfzell: siehe Max-Planck-Institut für Ornithologie

Wein: Der Bodensee bietet ein ideales Klima für den Weinanbau, Infos: www.weinregion-bodensee.com.

Zecken: Sowohl der Untersee als auch der Überlinger See sind Zeckengebiete. Tragen Sie während einer Exkursion lange Hosen und Socken. Danach sollten Sie die Outdoorkleidung wechseln, eine Dusche nehmen und Ihren Körper sehr genau nach evtl. vorhandenen Zecken absuchen.

Zeller See: Ein Teil des Untersees, der zwischen der Halbinsel Mettnau (im Norden) und der Halbinsel Höri (im Süden) liegt. Im Westen wird er durch das Naturschutzgebiet »Radolfzeller Aach« begrenzt.

Zoll: Die Schweiz ist zwar 2008 dem Schengen-Abkommen beigetreten, doch eine Volksabstimmung im Jahr 2015 verlangte eine Verschärfung der Freizügigkeit. Die Einreise ist mit einem gültigen Pass weiterhin gewährleistet. Eine Waren- und Geldeinfuhr (aber auch die Ausfuhr) ist teilweise mit Auflagen verbunden. Informieren Sie sich beim deutschen (zoll.de) und beim Schweizer Zoll (zur Suche im Internet beide Wörter in die Suchmaschine eingeben).

14 Geschichte und Wissenswertes zum Bodensee

Der dreigeteilte See

Die geografische Abgrenzung des Bodensees ist nicht ganz eindeutig. Wenn Sie einen Blick auf eine Karte des Bodensees werfen, erkennen Sie zwei Bereiche deutlich: den Obersee und den Untersee, verbunden über den Rhein.

Den Obersee wiederum kann man sich in zwei Bereiche aufgeteilt denken: Der westliche Teil des Obersees wird meist (auch in diesem Buch) Überlinger See genannt. Als Grenze zum östlichen Teil des Obersees nimmt man meist die gedachte Linie zwischen Meersburg und Konstanz. Zum Obersee zählt auch die Konstanzer Bucht bzw. der Konstanzer Trichter.

Den Untersee unterteilt man in den Gnadensee (Gebiet zwischen Markelfingen im Westen und der Insel Reichenau im Osten), das Ermatinger Becken (Bereich zwischen der Insel Reichenau und Konstanz), den Zeller See (Becken zwischen der Halbinsel Mettnau und Höri) und Seerhein (zwischen der Insel Reichenau und Stein am Rhein). In Stein am Rhein geht der Bodensee schließlich in den Rhein über.

Entstehung

Nach der letzten Eiszeit (Würm-Kaltzeit oder Würmeiszeit: vor 115 000–10 000 Jahren) war ein Gebiet von Chur bis zum heutigen Bodensee mit Wasser bedeckt. Nördlich von Hemishofen gab es zu dieser Zeit einen gigantischen »Staudamm«, bestehend aus einem Moränenschuttwall. Der Seespiegel lag damals bei ca. 415 m über NN und der See erstreckte sich weit in das Alpenrheintal hinein. Doch schon nach rund 4 000 Jahren war der größte Teil des Sees verlandet, verursacht durch riesige Mengen an Schutt und durch Bergstürze. Auch heute verlandet der Bodensee immer weiter. Mit teils sehr großen Eingriffen – durch den Bau von Dämmen, Kanälen und mit Schutt – versucht man, dagegen anzugehen. Heute liegt der Seespiegel bei ca. 395 m über NN.

Die bekannten Pfahlbausiedlungen am Untersee und dem Überlinger See stammen aus der Jungsteinzeit (vor 7 500–4 000 Jahren) und aus der Bronzezeit (vor 4 000–2 800 Jahren).

Ein Pfahlbau in Horn auf der Halbinsel Höri. Pfahlbauten finden Sie auch in Unteruhldingen.

Woher kommt der Name »Bodensee«?

Für den heute »Obersee« genannten Teil des Bodensees wählten einst die Römer den Namen »Lacus Brigantinus« (»Bregenzer See«) wegen des am See gelegenen Kastells »Brigantium« (dem heutigen Bregenz). Für den Untersee benutzten die Römer die Bezeichnung »Lacus Venetus«.

Die Bezeichnung »Bodensee« hat ihren Ursprung im 9. Jh. im Namen des kleinen Ortes Bodman an der Nordwestseite des Sees. Die fränkische Königspfalz Bodama gehörte den Karolingern; damals regierten Ludwig der Deutsche und später dessen Sohn Karl III. (Karl der Dicke).

Der Blick über den Bodensee in Richtung Süden mit den Alpen im Hintergrund. Rechts, außerhalb des Bildes, am gegenüberliegenden Ufer liegt Bodman. Die Aufnahme entstand am Aussichtspunkt Haldenhof. Zu den Aussichtspunkten am Bodensee siehe auch Kapitel 12 »Fototipps«, Seite 101).

Ebenfalls im 9. Jh. wollte ein Reichenauer Abt den gesamten See »Bodama« nennen, abgeleitet von »Lacus Potamicus« (wobei »Potamus« »Fluss« bedeutet und die Ähnlichkeit zu »Bodama« nur zufällig und nicht beabsichtigt war), um damit eine direkte Verbindung zum Rhein herzustellen.

Mit der Zeit verwandelte sich der Name »Lacus Bodamicus« in das deutsche Wort »Podmensê«, schließlich über »Bodmensee« und »Bodemsee« in das heutige »Bodensee«. Im englischen und romanischen Sprachgebrauch wird der See »Lake Constance«, »Lac de Constance« und »Lago di Costanza« genannt, abgeleitet von der am Bodensee liegenden Stadt Konstanz.

Wem gehört der Bodensee eigentlich?

Drei Staaten umgeben den Bodensee: Deutschland (Baden-Württemberg und Bayern), die Schweiz (St. Gallen und Thurgau) und Österreich (Vorarlberg). Eigentlich sollte man meinen, dass die Grenzen eindeutig festgelegt worden sind, doch das Ganze ist etwas komplizierter. Seit 1854 sind die Verhältnisse am Untersee und seit 1878 in der Konstanzer Bucht klar geregelt. Der Überlinger See gehört damit eindeutig zu Deutschland. Am Obersee, zwischen der Linie Meersburg-Konstanz und Bregenz, sind die Hoheitsverhältnisse nicht ganz eindeutig geregelt. Aber in der Praxis verursacht das keine Probleme, denn alle Anrainerstaaten haben sich darauf geeinigt, dass die ufernahen Gebiete zum jeweiligen Staat gehören. Dank internationaler Kommissionen wird die restliche Wasserfläche gemeinsam verwaltet, was bislang problemlos funktioniert.

Maßnahmen der Wasserregulierung

Im 19. Jh., nach einigen Naturkatastrophen, begannen die Schweiz und Österreich, eine Wasserregulierung des Sees zu planen. Nach mehr als 50 Jahren Verhandlungen und den erneuten Hochwasserkatastrophen von 1888 und 1890 wurde schließlich 1892 zwischen beiden Ländern ein Staatsvertrag über die »Internationale Rheinregulierung« beschlossen. So wurde die Rheinmündung von Rheineck nach Hard 12 km nach Osten verlegt, der Rhein kanalisiert, sodass das meiste Wasser vom Kanal direkt in den See fließt und nicht mehr durch das Rheindelta. Später einigte man sich noch auf die Weiterführung des Rheinkanals in den See hinaus. Der Kanal reicht 5 km in den See hinein. Der Zweck ist, dass die Bucht in der Umgebung der Mündung nicht weiter verlandet. Dank dieser Korrekturmaßnahmen wurde zwar die Hochwassergefahr deutlich gesenkt, doch die negativen Einflüsse auf die Ökologie des Flussdeltas, den Altrhein und das Auensystem des Rheins sind bis heute deutlich spürbar. Beispiele dafür sind zu wenig Lebensraum für Jungfische, die zu geringe Veränderung des Wasserspiegels und die damit verbundenen Veränderungen der Ufervegetation, sowie die Trockenlegung vieler Feuchtgebiete.

Extreme Hochwasser sind am Bodensee auch ohne Klimaerwärmung normal. So hatte der Bodensee im Jahr 1999 einen rund 1,8 m höheren Wasserspiegel, verursacht durch einen überdurchschnittlich feuchten April, einen sehr schneereichen Winter in den alpinen Einzugsgebieten und starke Niederschläge zwischen Pfingsten und Christi Himmelfahrt. Am Untersee lag der Wasserstand 53 Tage oberhalb der Schadensgrenze. Seitdem sind zusätzlich Schutzmaßnahmen gegen Hochwasser entlang des Rheins entwickelt worden.

Wasserlieferant Bodensee

Der Bodensee ist Wasserlieferant für alle am Bodensee lebenden Menschen. Das Trinkwasser aus dem See hat eine sehr gute Qualität dank verschiedener Maßnahmen, z. B. Kläranlagen, scharfe Grenzwerte für Chemikalien, verschiedene Maßnahmen, damit nicht zu viel Wasser abgepumpt wird. Dank dieser Abmachungen sind auch größere Schwankungen des Wasserspiegels ausgeschlossen.

Fischwirtschaft

Der Flussbarsch (*Perca fluviatilis*) – auch Egli oder Kretzer genannt – und das Bodenseefelchen – auch Blaufelchen genannt – (*Coregonus wartmanni*) sind die Haupteinnahmequellen der Berufsfischer am See. Der Eglibestand, die Eglifänge und die Erträge schwankten in den letzten Jahrzehnten sehr stark. Ursachen dafür sind Kannibalismus bei den Eglis, Überfischung, zu viele Algen wegen der Eutrophierung des Sees und wegen der höheren Temperaturen in den Sommermonaten.

Ursprünglich kam der Barsch aus der Donau und es gibt heute zwei genetisch unterscheidbare Populationen am Ober- und am Untersee. Die Felchen – auch Renke oder Maräne genannt – im Bodensee sind vor allem Bodensee- bzw. Blaufelchen, doch die Experten sind sich nicht so ganz einig über die Einordnung der Felchenarten im See, evtl. gibt es zusätzlich noch verschiedene Unterarten. Weil der Rheinfall von Schaffhausen eine natürliche Grenze zum See hin bildet, gibt es keinen Lachs, dafür aber die Seeforelle (*Salmo trutta*), welche zur Fortpflanzung jedoch Bäche und Flüsse aufsuchen muss. Weil aber immer mehr Wasserkraftwerke eine unüberwindbare Grenze darstellen, sinken die Chancen zur Fortpflanzung bei den Fischen merklich. Die Seeforelle gilt als lukrativer Speisefisch, weswegen es seit den 1970er-Jahren Pläne für die Begrenzung der Fischfangmenge und ein Schonmaß (Grenze für die Größe der Fische, die noch gefangen werden dürfen) gibt. Zudem sollen Hindernisse (wie Dämme) fischfreundlicher und mit zusätzlichen Fischtreppen ausgestattet werden, damit die Populationen wieder wachsen können. Neben den ca. 35 einheimischen Fischarten gibt es seit einige Jahren Exoten, die durch den Menschen in den Bodensee verbracht wurden, z. B. der Kaulbarsch (*Gymnocephalus cernua*), der Sonnenbarsch (*Centrarchidae* sp.) und der Blaubandbärbling (*Pseudorasbora parva*).

Oase für Vögel

Jeden Winter kommen in großer Zahl Wasservögel aus dem Norden zum Bodensee. Hunderte bis Tausende Tafel-, Reiher-, Kolben- und Schnatterenten halten sich dann zusätzlich zu den schon dort lebenden Enten auf und profitieren von der eisfreien Wasserfläche und dem Nahrungsangebot des Sees. Die Forschung der letzten 20 Jahren hat gezeigt, dass vor allem das gewaltige Nahrungsangebot für die riesigen Ansammlungen im Winter ursächlich sind. Wegen des Vormarsches der Dreikantmuschel (*Dreissena polymorpha*) seit den 1960er-Jahren gibt es eine zusätzliche positive Wirkung auf die Wasservogelpopulation, da die Muschel gerne gefressen wird. Die Wasserpflanzenbestände, vor allem die Armleuchteralgen (Characeen), sind eine weitere Hauptnahrungsquelle, von denen Arten wie Kolbenente und Blässhuhn profitieren. Allein am Untersee fressen jährlich 100 000–150 000 Wasservögel mehr als 15 000 t Biomasse (aus Pflanzen und Tieren bestehend) und tragen so zum Erhalt des ökologischen Gleichgewichts bei.

Spät, nämlich erst in den 1950er-Jahren, wurde mit der systematischen Erfassung der Vögel am Bodensee begonnen. Diese Arbeit geschieht winters wie sommers und auch in näherer Umgebung des Bodensees, z. B. dem Mindelsee. Der Bodensee und der Mindelsee sind wegen ihrer Bedeutung als wichtiger Lebensraum für die europäische Vogelwelt international anerkannt, also geschützt. Unter dem Schutz der Ramsar-Konvention befinden sich das Wollmatinger Ried und das Ermatinger Ried am Untersee.

Geschützte und schützende Lebensräume

Der Untersee unterscheidet sich recht deutlich vom Rest des Bodensees: Zum einen ist er bei Konstanz-Kreuzlingen deutlich vom Obersee getrennt, zweitens fließt der Rhein von Konstanz-Kreuzlingen bis Stein am Rhein durch den Untersee hindurch. Durch die Wasserströmungen haben sich verschiedene Lebensräume gebildet. Strömungen bilden im Flachwasser des Untersees Standorte, die im Winter eisfrei bleiben und im Sommer kühler sind als andere Bereiche.

Der Teil des Untersees namens Gnadensee (zwischen Markelfingen im Westen und der Insel Reichenau im Osten) hat diese Strömungen nicht. Daher ist er im Winter oft mit Eis bedeckt und im Sommer werden die Stillwasser schnell erwärmt.

So entstehen verschiedene Bedingungen, die für die Flora, aber auch für die Vogelwelt wichtig sind. Die Schilfflächen und Riedwiesen wurden schon 1930 geschützt, aber eine erste Schutzverordnung kam erst 1938. Seit 1980 wurden noch größere Flächen dieser wertvollen Ökosysteme am Untersee, im Rahmen einer neuen Verordnung, geschützt. Nun sind es insgesamt 757 ha (davon 487 ha Landfläche und 270 ha Seefläche), die heute unter Schutz stehen.

Im Wollmatinger Ried und auf der Mettnau gibt es riesige Schilfflächen, die wegen ihrer Undurchdringlichkeit einen perfekten Schutz für Rohrammer, Drosselrohrsänger, Teichrohrsänger, Bartmeise, Blaumeise, Wasserralle, Teichhuhn, Zwergtaucher und Zwergdommel bieten. Im ruhigen Flachwasser des Gnadensees und des Zeller Sees finden Eisvogel, Flussseeschwalbe, Brachvogel, Kiebitz, Bekassine, Lachmöwe, Silberreiher, Graureiher, Stockente, Schnatterente und Krickente Nahrung und Lebensraum. Am Untersee und am Seerhein, dort wo es etwas tiefer ist und es eine stärkere Strömung gibt, können Sie auf Haubentaucher, Gänsesäger, Kormoran, Löffelente, Kolbenente, Tafelente,

Als ehemaliger Brutvogel ist die Bartmeise am Bodensee fast nur noch als Durchzügler und Wintergast zu beobachten. Dieses Foto entstand am Hüttwiler See, an einem der kleinen Tümpel.

Reiherente, Mittelmeermöwe, Höckerschwan und Singschwan treffen. Hinter dem Schilf finden Sie Auwälder, feuchte Wiesen und Moore. Diese Lebensräume sind permanent unter Druck, da die Landwirtschaft sich immer weiter ausbreitet und jeden Quadratmeter Fläche nutzen möchte. Die Reste der Feuchtgebiete, wie Auenwälder und Moore, sind heute streng geschützt. Dort können Sie unter anderem Nachtigall, Goldammer, Pirol, Neuntöter, Sumpfrohrsänger, Graugans und Weißstorch aufspüren.

Das Gebiet, das wir Ihnen in diesem Naturführer zeigen, ist in drei Landschaftsbereiche gegliedert: dem Bodanrück, dem Schiener Berg und dem Seerücken. Diese kleinen Berge sind mit Wäldern bedeckt, meist Landschaftsschutzgebiete, und unterliegen damit dem Mindestschutz gegen menschliche Eingriffe und gegen übertriebene Bewirtschaftung.

Heute und die Zukunft – Freizeitgestaltung am Bodensee

Das Gebiet bietet alles, was man erwartet, um in seiner Freizeit keine Langeweile aufkommen zu lassen! Ein Parameter für die enorme Zunahme der Nutzung des Sees in den letzten Jahren ist die Anzahl von Segelschiffen, Motorbooten und Ausflugschiffen. Im Jahr 2005 waren 57 000 Wasserfahrzeuge aller Art für den Bodensee zugelassen. Es gibt aber nur 23 000 Wasserliegeplätze! Daran lässt sich erkennen, wie groß der Druck auf See, Umwelt, Tiere, Pflanzen und die Uferbereiche geworden ist. Zum Beispiel wurde gegen die Luftverschmutzung im Jahr 1993 eine Abgasnorm für Motorboote eingeführt. Auch die Höchstgeschwindigkeit der Boote ist geregelt, sie liegt bei 40 km/h. Zudem müssen die Boote einen Mindestabstand zum Ufer von 30 m einhalten und zu Schilf und Wasserpflanzen von 25 m. In der Brutzeit und in der Zeit der Mauser sollen sich Motor-, Segel-, und Ruderboote weit entfernt von Vogelansammlungen und von Nistplätzen aufhalten.

Auch auf dem Land sind immer mehr aktive Freizeitler unterwegs. So kann auch die Zunahme von Radfahrern Probleme nach sich ziehen. Denn zusätzlich zu den schon vorhandenen Fußgängern, Reitern, Hunden und usw. werden die Lebensräume von Mensch und Tier immer weniger. Wir haben daher auch für die Velotour (Seite 82 ff.) eine Strecke mit getrennter Fahrbahn ausgearbeitet.

Für die weitere Zukunft hoffen wir, dass die Menschen am und um den Bodensee herum erkennen, welchen Schatz sie als ihre Heimat bezeichnen dürfen. Nur mit Rücksicht und wohlüberlegten Bauvorhaben ist der Bodensee auch noch für die kommenden Generationen das Highlight, welches es für uns ist!

15 Tier- und Pflanzenliste

Ausgewählte Vögel am Bodensee

Diese wie auch alle weiteren Tabellen erheben keinen Anspruch auf Vollständigkeit, es sind bestimmt noch weitaus mehr Arten in den verschiedenen Landschaftstypen anzutreffen.

Deutsch	Wissenschaftlich	Französisch	Englisch	Niederländisch
Amsel	*Turdus merula*	Merle noir	Common Blackbird	Merel
Bachstelze	*Motacilla alba*	Bergeronette grise	White Wagtail	Witte Kwikstaart
Bartmeise	*Panurus biarmicus*	Panure à moustaches	Bearded Reedling	Baardman
Baumfalke	*Falco subbuteo*	Faucon hobereau	Eurasian Hobby	Boomvalk
Baumpieper	*Anthus trivialis*	Pipit des arbres	Tree Pipit	Boompieper
Bekassine	*Gallinago gallinago*	Bécassine des marais	Common Snipe	Watersnip
Bergpieper	*Anthus spinoletta*	Pipit spioncelle	Water Pipit	Waterpieper
Beutelmeise	*Remiz pendulinus*	Remiz penduline	Eurasian Penduline Tit	Buidelmees
Birkenzeisig	*Carduelis flammea*	Sizerin flammé	Common Redpoll	Grote Barmsijs
Blässhuhn	*Fulica atra*	Foulque macroule ou Poule d'eau	Eurasian Coot	Meerkoet
Blaukehlchen	*Luscinia svecica*	Gorgebleue à miroir	Bluethroat	Blauwborst
Blaumeise	*Cyanistes caeruleus*	Mésange bleue	Blue Tit	Pimpelmees
Braunkehlchen	*Saxicola rubetra*	Tarier des prés	Whinchat	Paapje
Bruchwasserläufer	*Tringa glareola*	Chevalier sylvain	Wood Sandpiper	Bosruiter
Buchfink	*Fringilla coelebs*	Pinson des arbres	Common Chaffinch	Vink
Buntspecht	*Dendrocopos major*	Pic épeiche	Great Spotted Woodpecker	Grote Bonte Specht
Dohle	*Coloeus monedula*	Choucas des tours	Western Jackdaw	Holenduif
Dorngrasmücke	*Sylvia communis*	Fauvette grisette	Common Whitethroat	Brilgrasmus

Deutsch	Wissenschaftlich	Französisch	Englisch	Niederländisch
Drosselrohrsänger	*Acrocephalus arundinaceus*	Rousserolle turdoïde	Great Reed Warbler	Grote Karekiet
Dunkler Wasserläufer	*Tringa erythropus*	Chevalier arlequin	Spotted Redshank	Zwarte Ruiter
Eichelhäher	*Garrulus glandarius*	Geai des chênes	Eurasian Jay	Gaai
Eisvogel	*Alcedo atthis*	Martinet pécheur	Common Kingfisher	IJsvogel
Elster	*Pica pica*	Pie bavarde	Eurasian Magpie	Ekster
Erlenzeisig	*Carduelis spinus*	Tarin des aulnes	Eurasian Siskin	Sijs
Feldlerche	*Alauda arvensis*	Alouette des champs	Eurasian Skylark	Veldleeuwerik
Feldschwirl	*Locustella naevia*	Locustelle tachetée	Common Grass-hopper, Warbler	Sprinkhaanzanger
Feldsperling	*Passer montanus*	Moineau friquet	Eurasian Tree Sparrow	Ringmus
Fichtenkreuz-schnabel	*Loxia curvirostra*	Bec-croisé des sapins	Red Crossbill	Kruisbek
Fischadler	*Pandion haliaetus*	Balbuzard pêcheur	Osprey	Visarend
Fitis	*Phylloscopus trochilus*	Pouillot fitis	Willow Warbler	Fitis
Flussregenpfeifer	*Charadrius dubius*	Pluvier petit-gravelot	Little Ringed Plover	Kleine Plevier
Flussseeschwalbe	*Sterna hirundo*	Sterne pierregarin	Common Tern	Visdief
Flussuferläufer	*Actitis hypoleucos*	Chevalier guignette	Common Sandpiper	Oeverloper
Gänsesäger	*Mergus merganser*	Harle bièvre	Common Merganser	Grote Zaagbek
Gartenbaumläufer	*Certhia brachydactyla*	Grimpereau des jardins	Short-toed Treecreeper	Boomkruiper
Gartengrasmücke	*Sylvia borin*	Fauvette des jardins	Garden Warbler	Baardgrasmus
Gartenrotschwanz	*Phoenicurus phoenicurus*	Rougequeue à front blanc	Common Redstart	Gekraagde Roodstaart
Gebirgsstelze	*Motacilla cinerea*	Bergeronnette des ruisseaux	Grey Wagtail	Grote Gele Kwikstaart
Gelbspötter	*Hippolais icterina*	Hippolais ictérine	Icterine Warbler	Spotvogel
Gimpel	*Pyrrhula pyrrhula*	Bouvreuil pivoine	Eurasian Bullfinch	Goudvink
Girlitz	*Serinus serinus*	Serin cini	European Serin	Europese Kanarie
Goldammer	*Emberiza citrinella*	Bruant jaune	Yellowhammer	Geelgors
Graugans	*Anser anser*	Oie cendrée	Greylag Goose	Grauwe Gans
Graureiher	*Ardea cinerea*	Héron cendré	Grey Heron	Blauwe Reiger
Grauschnäpper	*Muscicapa striata*	Gobemouche gris	Spotted Flycatcher	Grauwe Vliegenvanger

Deutsch	Wissenschaftlich	Französisch	Englisch	Niederländisch
Großer Brachvogel	*Numenius arquata*	Courlis cendré	Eurasian Curlew	Wulp
Grünfink	*Carduelis chloris*	Verdier d'Europe	European Greenfinch	Groenling
Grünspecht	*Picus viridis*	Pic vert	European Green Woodpecker	Groene Specht
Habicht	*Accipiter gentilis*	Autours des palombes	Northern Goshawk	Havik
Haubenmeise	*Lophophanes cristatus*	Mésange huppée	European Crested Tit	Kuifmees
Haubentaucher	*Podiceps cristatus*	Grèbe huppé	Great Crested Grebe	Fuut
Hausrotschwanz	*Phoenicurus ochruros*	Rougequeue noir	Black Redstart	Zwarte Roodstaart
Haussperling	*Passer domesticus*	Moineau domestique	House Sparrow	Huismus
Heckenbraunelle	*Prunella modularis*	Accenteur mouchet	Dunnock	Heggenmus
Höckerschwan	*Cygnus olor*	Cygne tuberculé	Mute Swan	Knobbelzwaan
Hohltaube	*Columba oenas*	Pigeon colombin	Stock Dove	Holenduif
Kernbeißer	*Coccothraustes coccothraustes*	Gros-bec casse-noyaux	Hawfinch	Appelvink
Kiebitz	*Vanellus vanellus*	Vanneau huppé	Northern Lapwing	Kievit
Kleiber	*Sitta europaea*	Sittelle torchepot	Eurasian Nuthatch	Boomklever
Kleinspecht	*Dryobates minor*	Pic épeichette	Lesser Spotted Woodpecker	Kleine Bonte Specht
Knäkente	*Anas querquedula*	Sarcelle d'été	Garganey	Zomertaling
Kohlmeise	*Parus major*	Mésange charbonnière	Great Tit	Koolmees
Kolbenente	*Netta rufina*	Nette rousse	Red-crsted pochard	Krooneend
Kolkrabe	*Corvus corax*	Grand corbeau	Northern Raven	Raaf
Kormoran	*Phalacrocorax carbo*	Grand Cormoran	Great Cormorant	Aalscholver
Kornweihe	*Circus cyaneus*	Busard Saint-Martin	Northern Harrier	Blauwe Kiekendief
Krickente	*Anas crecca*	Sarcelle d'hiver	Eurasian Teal	Wintertaling
Kuckuck	*Cuculus canorus*	Coucou gris	Common Cuckoo	Koekoek
Lachmöwe	*Larus ridibundus*	Mouette rieuse	Common Black-headed Gull	Kokmeeuw
Löffelente	*Anas clypeata*	Canard souchet	Northern Shoveler	Slobeend
Mauersegler	*Apus apus*	Martinet noir	Common Swift	Gierzwaluw
Mäusebussard	*Buteo buteo*	Buse variable	Common Buzzard	Buizerd

Deutsch	Wissenschaftlich	Französisch	Englisch	Niederländisch
Mehlschwalbe	*Delichon urbicum*	Hirondelle de fenêtre	Common House Martin	Huiszwaluw
Misteldrossel	*Turdus viscivorus*	Grive draine	Mistle Thrush	Grote Lijster
Mittelsäger	*Mergus serrator*	Harle huppé	Red-breasted Merganser	Middelste Zaagbek
Mittelspecht	*Leiopicus medius*	Pic mar	Middle spotted woodpecker	Middelste bonte specht
Mönchsgras-mücke	*Sylvia atricapilla*	Fauvette à tête noire	Eurasian Blackcap	Tuinfluiter
Moorente	*Aythya nyroca*	Fuligule nyroca	Ferruginous duck	Witoogeend
Nachtigall	*Luscinia megarhynchos*	Rossignole philomèle	Common Nightingale	Nachtegaal
Neuntöter	*Lanius collurio*	Pie-grièche écorcheur	Red-backed Shrike	Grauwe Klauwier
Nilgans	*Alopochen aegyptiacus*	Ouette d'Egypte	Egyptian Goose	Nijlgans
Pfeifente	*Anas penelope*	Canard siffleur	Eurasian Wigeon	Smient
Pirol	*Oriolus oriolus*	Loriot d'Europe	Eurasian Golden Oriole	Wielewaal
Purpurreiher	*Ardea purpurea*	Héron pourpré	Purple Heron	Purperreiger
Rabenkrähe	*Corvus corone*	Corneille noir	Carrion crow	Zwarte Kraai
Rauchschwalbe	*Hirundo rustica*	Hirondelle rustique	Barn Swallow	Boerenzwaluw
Reiherente	*Aythya fuligula*	Fuligule morillon	Tufted Duck	Kuifeend
Ringeltaube	*Columba palumbus*	Pigeon ramier	Common Wood Pigeon	Houtduif
Rohrweihe	*Circus aeruginosus*	Busard des roseaux	Western marsh harrier	Bruine kiekendief
Rostgans	*Tadorna ferruginea*	Tadorne casarca	Ruddy shelduck	Casarca
Rotmilan	*Milvus milvus*	Milan royal	Red kite	Rode Wouw
Saatkrähe	*Corvus frugilegus*	Corbeau freux	Rook	Roek
Schwanzmeise	*Aegithalos caudatus*	Mésange à longue queue	Long-tailed Bushtit	Staartmees
Schwarzkelchen	*Saxicola rubicola*	Tarier pâtre	Common Stonechat	Roodborsttapuit
Schwarzmilan	*Milvus migrans*	Milan noir	Black Kite	Zwarte Wouw
Schwarzspecht	*Dryocopus martius*	Schwarzspecht	Black Woodpecker	Zwarte Specht
Singdrossel	*Turdus philomelos*	Grive musicienne	Song Trush	Zanglijster
Sommergold-hähnchen	*Regulus ignicapillus*	Roitelet triple-bandeau	Firecrest	Vuurgoudhaan
Sperber	*Accipiter nisus*	Epervier d'Europe	Eurasian Sparrowhawk	Sperwer

Deutsch	Wissenschaftlich	Französisch	Englisch	Niederländisch
Star	*Sturnus vulgaris*	Etourneau sansonnet	Common Starling	Spreeuw
Steinkauz	*Athene noctua*	Chevêche d'Athéna	Little Owl	Steenuil
Stieglitz oder Distelfink	*Caduelis carduelis*	Chardonneret élégant	European Goldfinch	Putter
Stockente	*Anas platyrhynchos*	Canard colvert	Mallard	Wilde Eend
Sumpfmeise	*Poecile palustris*	Mésange nonnette	Marsh Tit	Glanskop
Sumpfrohrsänger	*Acrocephalus palustris*	Rousserolle verderolle	Marsh warbler	Bosrietzanger
Tannenhäher	*Nucifraga caryocatactes*	Cassenoix moucheté	Spotted nutcracker	Notenkraker
Tannenmeise	*Periparus ater*	Mésange noire	Coal Tit	Zwarte Mees
Teichrohrsänger	*Acrocephalus scirpaceus*	Rousserolle effarvatte	European Reed Warbler	Kleine Karekiet
Teichhuhn	*Gallinula chloropus*	Gallinule poule-d'eau	Common Moorhen	Waterhoen
Tüpfelsumpfhuhn	*Porzana porzana*	Marouette ponctuée	Spotted crake	Porseleinhoen
Turmfalke	*Falco Tinnunculus*	Faucon crecerelle	Common Kestrel	Torenvalk
Turteltaube	*Streptopelia turtur*	Tourterelle des bois	European Turtle Dove	Zomertortel
Wacholderdrossel	*Turdus pilaris*	Grive litorne	Fieldfare	Kramsvogel
Wachtel	*Coturnix coturnix*	Caille des blés	Common quail	Kwartel
Waldbaumläufer	*Certhia familiaris*	Grimpereau des bois	Eurasian Treecreeper	Taigaboomkruiper
Waldohreule	*Asio otus*	Hibou moyen-duc	Long-eared Owl	Ransuil
Waldkauz	*Strix aluco*	Chouette hulotte	Tawny Owl	Bosuil
Wanderfalke	*Falco peregrinus*	Faucon pèlerin	Peregrine Falcon	Slechtvalk
Wasseramsel	*Cinclus cinclus*	Cincle plongeur	Withe-throated Dipped	Waterspreeuw
Weidenmeise	*Poecile montanus*	Mésange boréale	Wollow tit	Matkop
Weißstorch	*Ciconia ciconia*	Cigogne blanche	White Stork	Ooivaar
Wendehals	*Jynx torquilla*	Torcol fourmillier	Eurasian Wryneck	Draaihals
Wespenbussard	*Pernis apivorus*	Bondrée apivore	European Honey-Buzzard	Wespendief
Wiesenweihe	*Circus pygargus*	Busard cendré	Montagu's harrier	Grauwe kiekendief
Wintergold-hähnchen	*Regulus regulus*	Roitelé huppé	Goldcrest	Goudhaan
Zaunammer	*Emberizia cilus*	Bruant zizi	Cirl Bunting	Cirlgors

Deutsch	Wissenschaftlich	Französisch	Englisch	Niederländisch
Zaunkönig	*Troglodytes troglodytes*	Troglodyte mignon	Eurasian Wren	Winterkoning
Zilpzalp	*Phylloscopus collybita*	Pouillot véloce	Common Chiffchaff	Tjiftjaf
Zwergrohrdommel	*Ixobrychus minutus*	Blongios nain	Little bittern	Woudaap
Zwergtaucher	*Tachybaptus ruficollis*	Grèbe castagneux	Little Grebe	Dodaars

Ausgewählte Reptilien und Amphibien am Bodensee

Deutsch	Wissenschaftlich	Französisch	Englisch	Niederländisch
Aspisviper	*Vipera aspis*	Vipère aspic	Aspic viper	Aspisadder
Bergmolch	*Mesotriton alpestris*	Triton alpestre	Alpine newt	Alpenwater-salamander
Blindschleiche	*Anguis fragilis*	Orvet	Slow worm	Hazelworm
Erdkröte	*Bufo bufo*	Crapaud commun	Common toad	Gewone pad
Fadenmolch	*Lissotriton helveticus*	Triton palmé	Palmate newt	Vinpoot-salamander
Feuersalamander	*Salamandra salamandra*	Salamandre tachetée	Fire salamander	Vuursalamander
Geburtshelferkröte	*Alytes obstetricans*	Alyte ou crapaud accoucheur	Common midwife toad	Vroedmeesterpad
Grasfrosch	*Rana temporaria*	Grenouille rousse	Common frog	Bruine kikker
Kammmolch	*Triturus cristatus*	Triton crêté	Northern crested newt	Kamsalamander
Kleiner Wasser-frosch	*Pelophylax lessonae*	Petite grenouille verte	Pool frog	Poelkikker
Mauereidechse	*Podarcis muralis*	Lézard des murailles	Common wall lizard	Muurhagedis
Ringelnatter	*Natrix natrix*	Couleuvre à collier	Grass snake	Ringslang
Schlingnatter	*Coronella austriaca*	Coronelle lisse	Smooth snake	Gladde slang
Seefrosch	*Pelophylax ridibundus*	Grenouille rieuse	Marsh frog	Meerkikker
Teichfrosch	*Pelophylax esculentus*	Grenouille verte	Edible frog	Middelste groene kikker
Waldeidechse	*Lacerta vivipara*	Lézard vivipare	Viviparous lizard	Levendbarende hagedis
Zauneidechse	*Lacerta agilis*	Lézard des souches	Sand Lizard	Zandhagedis

Ausgewählte Fische im Bodensee

Deutsch	Wissenschaftlich	Französisch	Englisch	Niederländisch
Äsche	*Thymallus thymallus*	Ombre commun	Grayling	Vlagzalm
Bachforelle	*Salmo trutta fario*	Truite commune	Brown trout	Forel
Barbe	*Barbus barbus*	Barbeau commun	Common barbel	Barbeel
Bitterling	*Rhodeus amarus*	Bouvière	European bitterling	Bittervoorn
Blaubandbärbling	*Pseudorasbora parva*	–	Stone moroko	Blauwband
Blaufelchen, Bodenseefelchen	*Coregonus wartmanni*	Corégone	Blue whitefish	–
Brachse	*Abramis brama*	Brème commune	Common bream	Brasem
Döbel, Alet	*Squalius cephalus*	Chevesne	European chub	Kopvoorn
Egli, Barsch, Kretzer	*Perca fluviatilis*	Perche commune	European perch	Baars
Elritze	*Phoxinus phoxinus*	Vairon	Common minnow	Elrits
Europäischer Aal	*Anguilla anguilla*	Anguille d'Europe	European eel	Paling
Groppe	*Cottus gobio*	Chabot commun	European bullheab	–
Hasel	*Leuciscus leuciscus*	Vandoise	Common dace	Serpeling
Hecht	*Esox lucius*	Grand brochet	Northern pike	Snoek
Karpfen	*Cyprinus carpio*	Carpe commune	Common carp	Karper
Laube, Ukelei	*Alburnus alburnus*	Ablette	Common bleak	Alver
Moderlieschen	*Leucaspius delineatus*	Hable de Heckel	–	Vetje
Regenbogen-forelle	*Oncorhynchus mykiss*	Truite arc-en-ciel	Rainbow trout	Regenboogforel
Rotauge	*Rutilus rutilus*	Gardon	Common roach	Blankvoorn
Rotfeder	*Scardinius erythrophthalmus*	Rotengle	Common rudd	Ruisvoorn
Schleie	*Tinca tinca*	Tanche	Tench	Zeelt
Schmerle	*Barbatula barbatula*	Loche franche	Stone loach	Bermpje
Seeforelle	*Salmo trutta lacustris*	Truite commune	Brown trout	Meerforel
Sonnenbarsch	*Centrarchidae sp.*	Perche soleil	Sunfish	Zonnebaarzen
Trüsche, Quappe	*Lota lota*	Lotte	Burbot	Kwabaal
Wels	*Silurus glanis*	Silure glane	Wels	Europese meerval
Zander	*Sander lucioperca*	Sandre	Zander	Snoekbaars

Ausgewählte Säugetiere am Bodensee

Deutsch	Wissenschaftlich	Französisch	Englisch	Niederländisch
Baummarder	*Martes martes*	Martre	European pine marten	Boommarter
Biber	*Castor fiber*	Castor européen	Eurasian beaver	Bever
Bisamratte	*Ondatra zibethicus*	Rat musqué	Muskrat	Muskusrat
Dachs	*Meles meles*	Blaireau ou Tasson	European badger	Europese das
Damwild	*Dama dama*	Daim	Fallow deer	Damhert
Eichhörnchen	*Sciurus vulgaris*	Ecureuil d'Eurasie	Red squirrel	Eekhoorn
Feldhase	*Lepus europaeus*	Lièvre d'Europe	European hare	Europese haas
Fuchs	*Vulpes vulpes*	Renard roux	Red Fox	Vos
Hermelin	*Mustela erminea*	Hermine	Stoat	Hermelijn
Igel	*Erinaceus europaeus*	Hérisson d'Europe	European hedgehog	Egel
Kaninchen	*Oryctolagus cuniculus*	Lapin commun	European rabbit	Konijn
Mauswiesel	*Mustela nivalis*	Belette	Least weasel	Wezel
Nutria	*Myocastor coypus*	Ragondin	Coypu	Beverrat
Reh	*Capreolus capreolus*	Chevreuil	European roe deer	Ree
Steinmarder	*Martes foina*	Fouine	Beech marten	Steenmarder
Wildschwein	*Sus scrofa*	Sanglier	Wild boar	Wild zwijn

15 Literatur und Links

Landkarten

Schweiz: Karten von Swisstopo, Bundesamt für Topografie

Deutschland: Topographische Karten oder Rad- und Wanderkarten

Literatur

Der Bodensee – Ein Naturraum im Wandel (K. Zintz u.a.)

Der Rhein – Lebensader einer Region (Naturforschenden Gesellschaft in Zürich)

Die Orchideen der Schweiz (Wartmann, 2006)

Flora Helvetica (K. Lauber et G. Wagner)

Auf Schlangenspuren und Krötenpfaden – Amphibien und Reptilien der Schweiz (A. Meyer u.a.)

Schmetterlinge, Tagfalter der Schweiz (T. Bühler-Cortesi)

Der Kosmos Libellenführer (H. Bellmann)

Die Säugetiere Baden-Württembergs (Herausgegeben von M. Braun und F. Dieterelen)

Die Vögel Baden-Württembergs (J. Hölzinger und U. Mahler)

Die Amphibien und Reptilien Baden-Württembergs (H. Laufer und K. Fritz)

Der Kosmos Vogelführer: Alle Arten Europas, Nordafrikas und Vorderasiens (Svensson, Grant, Mullarney, Zetterström)

Die Tagfalter Europas und Nordwestafrikas (T. Tolman u.a.)

Pareys Reptilien- und Amphibienführer Europas (E. N. Arnold u.a.)

Tierspuren (Bang/Dahlström)

Die Farn- und Blütenpflanzen Baden-Württembergs (O. Sebald und G. Philippi)

Die Bäume Europas (K. Rushforth)

Naturfotografie: Der große Fotokurs (I. Seehafer)

Links

Wetter

www.wetter.com

www.meteoblue.com

www.meteoschweiz.admin.ch

Naturfotografenverbände

www.gdtfoto.de (Zusammenschluss von Naturfotografen in Deutschland)

www.naturfotografen.ch (Zusammenschluss von Naturfotografen in der Schweiz)

www.vtnoe.at (Zusammenschluss der Naturfotografen in Österreich)

Ornithologisches

Vogelwarte: www.vogelwarte.ch

Homepage für das „birding“: www.ornitho.ch

www.bodensee-ornis.de

Bodensee

www.statistik-bodensee.org

www.bodman.de

www.bisonstube-bodenwald.de

17 Register